BARON B

LA CUISINE

À L'USAGE

DES MÉNAGES

PARIS

C. MARPON & E. FLAMMARION

ÉDITEURS

26, RUE RACINE, PRÈS L'ODÉON

IMPRIMERIE C. MARPON ET E. FLAMMARION
RUE RACINE, 26, A PARIS.

LA CUISINE

A L'USAGE DES MÉNAGES BOURGEOIS

ET DES PETITS MÉNAGES

PARIS. — IMPRIMERIE C. MARPON ET E. FLAMMARION, RUE RACINE, 25.

BARON BRISSE

LA CUISINE

A L'USAGE

DES MÉNAGES BOURGEOIS

ET DES PETITS MÉNAGES

COMPRENANT

LA MANIÈRE DE SERVIR A NOUVEAU TOUS LES RESTES

AUGMENTÉ

DE MENUS ET RECETTES NOUVELLES DE TABLE ET D'HYGIÈNE

ET DU RÉGIME CULINAIRE A SUIVRE CONTRE L'OBÉSITÉ

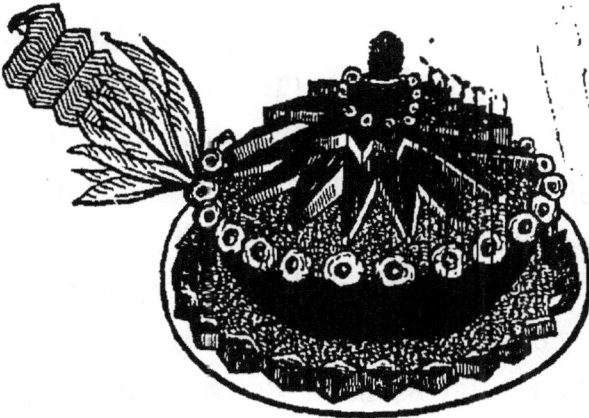

PARIS

C. MARPON ET E. FLAMMARION

ÉDITEURS

26, RUE RACINE, PRÈS L'ODÉON.

AVANT-PROPOS

Les livres de cuisine ne manquent pas assurément, et cependant nous entendons dire de tous côtés que les recettes qu'ils contiennent sont le plus souvent difficiles à exécuter ou conduisent à des résultats défectueux. Les unes, trop compliquées, découragent nos cuisinières bourgeoises, en exigeant trop de temps et de précautions ; les autres, trop coûteuses, demandent parfois des ustensiles et des dispositions que l'on ne trouve pas habituellement dans un ménage ordinaire.

On ne saurait contester pourtant que la préparation intelligente des aliments ne soit une chose fort importante tant sous le rapport hygiénique que sous le rapport économique. L'hygiène nous recommande une préparation soignée et variée des mets, car la santé est étroitement liée à une nourriture saine, appétissante et bien accommodée. L'économie s'adresse plus ou moins à toutes les bourses et nous engage à tirer parti de tout s nos ressources alimentaires sans perte ni gaspillage. Chaque mets doit être préparé consciencieusement, suivant les bonnes prescriptions de l'art ; et si l'ordre, la propreté et l'économie sont indispensables pour assurer

le bon gouvernement d'un ménage, l'attention la plus
grande et les soins les plus assidus sont nécessaires
pour la bonne exécution de la cuisine. Il vaut assurément
mieux dîner d'un seul plat bien fait que de plusieurs
mal préparés. Ajoutons aussi que la régularité dans
l'heure des repas est une condition indispensable pour
que les mets servis à point ne perdent aucune qualité
de leur préparation.

C'est dans ces idées, qu'a été conçu le livre que nous
offrons aujourd'hui au public sous le titre de : *Recettes
à l'usage des ménages bourgeois et des petits ménages, avec
la manière de servir à nouveau tous les restes.* Ce recueil contient plus de six cents recettes, nombre bien
suffisant pour assurer une variété dans la préparation
des aliments, car on peut affirmer que les ménages
bourgeois les mieux tenus n'usent pas, dans le courant
de l'année, de plus de cent procédés différents pour
accommoder les mets servis sur leurs tables.

Toutes ces recettes sont simples, d'une exécution facile, économique, n'exigeant qu'une batterie de cuisine
fort ordinaire, et donnant des résultats d'une excellence
certaine, car elles ont été toutes expérimentées par
l'auteur et rédigées pour ainsi dire à mesure sur le coin
du fourneau.

Engagé dans cette voie d'amélioration culinaires,
nous avons été frappé de l'embarras qu'éprouve le
plus souvent la maîtresse de maison pour composer
chaque jour le menu du repas de la famille. Pour ob-
vier à cet inconvénient, nous avons dressé le catalogue
des produits alimentaires, viandes, poissons, légumes,

fruits, qui correspondent à chaque mois de l'année. En consultant ce tableau mensuel, la ménagère la moins expérimentée pourra composer facilement ses repas, simples ou compliqués, et apporter, sans aucun ennui de recherches, la plus grande variété dans la nourriture de la famille. Ce catalogue est une innovation réelle, sans précédents, dans les livres de cuisine et nous le croyons appelé à rendre de véritables services à tous les ménages.

Nous pensons également avoir répondu à un besoin en indiquant à l'aide de dessins intercalés dans le texte les noms sous lesquels on débite les différentes sortes de viande de boucherie. La ménagère, en ouvrant son livre à ces divers articles, pourra désigner d'une manière certaine les morceaux qu'elle voudra prendre de préférence, et s'éviter ainsi bien des contrariétés.

En résumé, nous avons eu en vue surtout de faire un livre utile, nous espérons y être parvenu, c'est ce que le public, toujours bon juge, nous apprendra dans l'avenir.

HYGIÈNE CULINAIRE

CAUSERIE A TABLE

———

CE QU'ON DOIT MANGER

Manger est la fonction la plus importante de l'homme, puisque c'est par elle seule qu'il répare ses forces et conserve sa vie. Aussi, quoi qu'en aient pu dire quelques esprits chagrins, la cuisine, cette chimie intelligente qui procure à l'homme force et santé, est un art, et disons-le hautement, un des premiers.

La physiologie moderne a fait un axiome de cette parole : Les races humaines s'affinent par le choix éclairé des aliments, comme les animaux par le choix des pâturages.

Passez en revue l'histoire de l'humanité, toutes les fines intelligences ont été des gourmets.

Quelles jouissances n'a-t-on pas dues à cet art délicat! C'est le fait d'un mauvais estomac que de prétendre le contraire.

Que de gens n'ont fait quelque bruit dans le monde,

certains diplomates par exemple, que parce qu'ils avaient un excellent cuisinier!

Je fréquentais beaucoup autrefois chez un vieux camarade de collège, ancien chef de division, qui avait fait de sa cuisine un véritable laboratoire.

Le soir une demi-douzaine d'esprits distingués venaient y converser des choses du jour, et la politique était souvent négligée pour l'art des Berchoux et des Brillat-Savarin.

Un soir j'y soutins, d'un ton légèrement paradoxal, que tous les autres arts devaient céder à celui-là... qu'aucun ne procurait des jouissances plus sensibles, plus complètes, plus élevées... vous voyez d'ici la fin.

Ce fut un tolle général.

On m'accusa de matérialisme culinaire, et pendant un quart d'heure ce fut un feu roulant de plaisanteries de bonne compagnie, sous lesquelles je m'inclinai en riant.

— Monsieur ne connaît pas les nobles jouissances de celui qui se dévoue pour son pays, fit un vieux général.

— Monsieur voudrait remplacer le cerveau par une terrine de foie gras, insinua un abbé aussi grave que plein de santé.

— On voit bien que monsieur a vécu longtemps loin de Paris, ce centre de lumière, qui... que... dont... fit un conseiller à la petite cour de Douai; la phrase dura dix minutes sur un ton de résumé de cour d'assises. Il faisait allusion à un séjour de dix ans que j'ai fait au Brésil.

Cela tournait au sérieux... je m'avouai vaincu; à l'heure de se séparer, mon ami demanda à mes trois adversaires de venir déjeuner avec lui le lendemain.

Ils refusèrent.

L'exposition de peinture fermait le lendemain soir à six heures. Le conseiller était venu exprès pour la voir, et il allait passer sa journée entière à cette fête de l'intelligence qui... que... toujours dix minutes d'amplification.

Le vieux général n'y était pas allé non plus, ses devoirs de soldat, la commission de l'état-major... je vous fais grâce du reste... Mais il se promettait bien le lendemain à la première heure, etc...

L'abbé, qui était dans le même cas, déclara en me regardant, que pour rien au monde il ne perdrait l'occasion de se donner des jouissances aussi pures et aussi élevées, et qu'il se joindrait à ses deux amis; ils n'avaient du reste quitté Douai la veille tous les trois que pour cela.

— Je tiens votre vengeance, me dit mon ami dès qu'ils furent partis.

Le soir même il expédiait à chacun des trois le billet suivant :

     « Cher ami,

     « Je viens de recevoir une bourriche de morilles, choisies exprès pour moi, je vous propose un tête-àtête pour les démolir; ce sera très simple, voyez plutôt :

> « Truite au beurre d'Isigny.
> « Escalopes de veau aux tomates farcies.
> « Canetons de Rouen sur canapés d'ananas.
> « Morilles à la crème.
> « Asperges à l'huile.
> « Sorbet au moka.
> « Saint-Émilion et Pomard.

C'était des plus simples en effet... mais mes gaillards connaissaient le talent de mon ami quand *il opérait lui-même*.

Une note au bas de chaque billet espaçait l'heure du rendez-vous de dix minutes en dix minutes.

Il furent exacts et par un heureux hasard, ne se rencontrèrent pas en chemin. Il reçut l'un au salon, l'autre dans sa chambre à coucher, prétextant, pour les quitter, du coup d'œil du maître au fourneau.

J'étais à la cuisine, où, sous la surveillance de l'illustre Jeannette qui aidait au maître, je servais de marmiton.

Quand le troisième arriva, mon ami fit ouvrir les portes et nous réunit tous dans la salle à manger.

Le tableau fut d'un imprévu charmant.

Les trois convives se regardèrent interdits, hésitants ; un éclat de rire général sauva la situation et ils déployèrent bravement leur serviette.

Le comique de l'affaire, c'est que tous trois, en rece-
vant leur billet d'invitation, s'étaient mutuellement
écrit « qu'une affaire de famille des plus urgentes les
priverait d'être au rendez-vous du lendemain, et qu'à
leur grand regret ils ne verraient pas l'exposition de
peinture cette année. »

L'armée, la magistrature et le clergé venaient d'amener leur pavillon.

J'en ris encore.

Combien en pareille circonstance n'auraient pas ca-
pitulé ?

Il est certain que dès qu'il s'agit de la table une sorte
de fausse honte empêche l'un et l'autre de dire franche-
ment sa façon de penser, on voit des gens les plus *hon-
nestes* chercher à se donner un faux vernis d'indifférence
sur cette matière ; l'hypocrisie de la sobriété exagérée
ressemble un peu à l'hypocrisie de la chasteté, rien d'aussi
commun que le nom, rien d'aussi rare que la chose.
Sans doute il ne faut pas exagérer ce plaisir, comme
tous les autres il deviendrait nuisible, mais il faut bien
se souvenir que la nature n'a donné à l'homme la jouissance du goût que pour l'inviter à réparer ses forces,
avec les aliments les plus appétissants et les mieux
préparés.

Il n'est nécessaire pour cela ni de truffes ni de gibiers fins, à ce compte les pauvres ne pourraient point
se bien nourrir et j'ai la prétention qu'ils peuvent se
donner cette jouissance aussi bien et même mieux que
le riche, ayant presque toujours à leur service ce condi-
ment qui s'appelle l'appétit, et qui ne s'achète point.

Quel délicieux régal qu'une soupe aux choux bien préparée?

Quel merveilleux légume que la pomme de terre, et de quel prix le payerait-on s'il était aussi rare que la truffe?

Et les œufs, susceptibles de tant de variété dans leur préparation!

Les mets délicats ne sont dits délicats qu'en raison de leur rareté; les mets dits vulgaires ne le sont que parce qu'ils sont abondants.

En général, je me fais fort de prouver au fourneau que ces derniers bien préparés sont non seulement les plus sains, les plus nourrissants, mais encore les plus succulents. Tout est dans la préparation.

Divisez un filet en deux, faites-en de même pour un litre de pommes de terre, donnez ces deux choses à un cuisinier émérite et à un gargotier. Le cuisinier vous fera un châteaubriand avec de belles pommes soufflées, le gargotier vous servira un plat sans nom et tous deux auront travaillé avec les mêmes matières.

Le jour où un philanthrope, je dis un philanthrope, car je n'attends rien des gouvernements pour les arts *utiles*, pour les arts *nécessaires*, le jour donc où un philanthrope osera installer, en plein Paris, une faculté de chimie culinaire où l'hygiène, la science de l'alimentation et l'art de bien préparer seront enseignés gratuitement à tous, ce jour-là, la mortalité dans le peuple baissera d'un quart, et l'homme qui aura fait cela sera un bienfaiteur de l'humanité.

« Simples ou savamment préparés, tous les mets reconnus sains sont également bien reçus par l'estomac que la variété stimule ; mais souvenez-vous bien, que l'usage ne doit jamais aller jusqu'à l'abus, et surtout dans vos aliments, dans *ce que vous devez manger*, suivez l'ordre des saisons établi par la nature, nourrissez-vous de chaque chose en son temps, viandes, gibiers, poissons, fruits et légumes, et laissez votre voisin payer au poids de l'or des primeurs, précurseurs de la goutte, de la dyspepsie et de la gastralgie. »

L'illustre Brillat-Savarin l'a dit :

— Le plaisir de la table est de tous les âges, de toutes les conditions, de tous les pays et de tous les jours : il peut s'associer à tous les autres plaisirs et reste en dernier pour nous consoler de leur perte.

Mais pour que manger soit un plaisir hygiénique, c'est-à-dire un plaisir qui ne soit pas suivi de fatigue, il faut qu'il soit pris avec modération.

Quand nous mangeons dans les limites rationnelles de notre appétit, nous éprouvons un indéfinissable bien-être, nous avons par tout notre être, par toutes nos sensations la conscience que nous réparons nos pertes, et que nous prolongeons notre existence. Un acte destiné à renouveler sans cesse sous mille formes diverses les éléments essentiels de la vie, ne doit pas, nous ne saurions trop le répéter, être traité à la légère.

Du reste l'art culinaire ne tient-il pas :

A l'histoire naturelle par la classification qu'il fait des substances alimentaires ?

A la physique par l'examen de leur composition et de leurs qualités ?

A la chimie par les analyses et préparations qu'il leur fait subir pour les rendre agréables au goût et de facile digestion?

Cet art enfin ne domine-t-il pas toute l'économie des principes de physiologie et d'hygiène, par l'influence qu'exerce l'alimentation sur tout notre organisme?

DIVISION DE L'OUVRAGE

1° Production des douze mois de l'année.

2° Désignation des ustensiles de salle à manger.

3° Termes de cuisine.

4° Des potages.

5° Des sauces.

6° Des jus et des braises.

7° Pâte à frire et friture.

8° Hors-d'œuvre.

9° Des viandes ; Bœuf ; Veau ; Mouton ; Agneau ; Porc ; Volailles ; Gibier.

10° Des Poissons de mer ; Coquillages ; Poissons d'eau douce.

11° Des légumes.

12° Pâtisserie et Office.

13° Menus et plats du jour.

14° Régime culinaire à suivre contre l'obésité chez les deux sexes.

15° Une table alphabétique termine l'ouvrage et en facilite les recherches.

LA CUISINE

A L'USAGE

DES MÉNAGES BOURGEOIS

ET

DES PETITS MÉNAGES

—◦◦◦—

PRODUCTIONS DES DOUZE MOIS DE L'ANNÉE

Pour commander son dîner, qu'il soit modeste, copieux ou luxueux, il est de première nécessité de connaître les productions de la saison et de tenir compte des localités que l'on habite. Les personnes rapprochées des grands centres où tout afflue seront bien moins embarrassées pour faire leur menu que celles qui résident en province au fond d'une campagne.

Comme notre ouvrage s'applique à toutes les cuisines françaises, petites ou grandes, nous engageons les maîtresses de maison à consulter le calendrier ci-après, si elles désirent être renseignées sur les produits de la saison.

1

JANVIER

VIANDE. — Bœuf; Mouton; Veau; Porc; Venaison.

GIBIER (1). — Lièvre; Lapin; Faisan; Perdrix; Grouse; Gelinotte; Bécasse; Bécassine; Alouettes; Canard sauvage; Macreuse; Sarcelles; Râle; Poule d'eau; Vanneaux; Ortolans; Ramiers.

VOLAILLES. — Dindon; Oie; Chapon; Poularde; Poule; Poulets; Pigeons de volière.

POISSONS. — Saumon; Truite; Carpe; Tanche; Brochet; Perche; Ombre chevalier; Lotte; Lamproie; Anguille; Morue; Raie; Aigle; Esturgeon; Turbot; Barbue; Sole; Limande; Carrelet; Anguille de mer; Goujon; Éperlan; Merlan; Rouget; Grondin; Vive; Bar; Mulet.

COQUILLAGES. — Huîtres; Moules; Escargots; Crevettes; Écrevisses; Homard; Langouste; Crabe tourteau et autres.

VÉGÉTAUX. — Asperges vertes sous châssis; Choux; Chou de Bruxelles; Chou-rave; Chou frisé; Chou rouge; Bricolis blanc et violet; Épinards; Laitue; Cresson; Céleri; Cardons; Scarole; petites Raves; Radis noirs; Navets; Panais; Poireaux; Carottes; Betterave; Pommes de terre; Patates; Dioscorée-Igname; Topinambour; Chicorée frisée; Barbe-de-capucin; Mâche; Raiponce; Salsifis; Oseille; Cerfeuil; Persil; Champignons. — *Légumes secs.* Haricots divers; Lentilles; Pois cassés; Pois chiches.

FRUITS. — Pommes; Poires; Raisins; Oranges; Grenades; Nèfles; Noix; Noisettes; Amandes; Marrons.

FÉVRIER.

VIANDE. — Bœuf; Mouton; Veau; Venaison.

GIBIER (2). — Lièvre; Lapin; Faisan; Perdrix; Grouse; Gelinotte; Bécasse; Bécassine; Alouettes; Canard sauvage; Sarcelles; Macreuse; Râles; Poule d'eau; Vanneaux; Ramiers.

(1) Dans ce Calendrier, nous indiquons le gibier de l'époque tel qu'on le rencontre sur les marchés des grandes villes; mais dans les petites localités, et surtout à la campagne, il y a moins à choisir. Il en est de même pour les poissons et les légumes de primeur.

(2) C'est dans ce mois qu'a lieu la fermeture de la chasse; plus de venaison, de gibier, jusqu'au mois de septembre.

VOLAILLES. — Oie; Dindon; Chapon; Poularde; Poule; Poulets; Pigeons.

POISSONS. — Saumon; Truite; Brochet; Carpe; Tanche; Perche; Ombre chevalier; Lotte; Lamproie; Goujon; Anguille; Éperlans; Morue; Raie; Aigle; Esturgeon; Turbot; Barbue; Sole; Limande; Carrelet; Anguille de mer; Merlan; Rouget; Grondins; Vive; Bar; Mulet.

COQUILLAGES. — Huîtres; Moûles; Escargots; Crevettes; Écrevisses; Homard; Langouste; Crabe tourteau.

VÉGÉTAUX. — Asperges sous châssis; Choux; Choux de Bruxelles; Chou rouge; Bricolis; Cardons; Épinards; Laitue sous cloche; Cresson; Scarole; petites Raves; Radis noirs; Navets; Panais; Poireaux; Carottes; Betterave; Pommes de terre; Topinambour; Patates; Dioscorée-Igname; Salsifis; Scorsonères; Chicorée frisée; Barbe-de-capucin; Mâche; Raiponce; Oseille; Cerfeuil; Persil; Champignons (1). — *Légumes secs.* Haricots divers; Lentilles; Pois chiches; Pois cassés.

FRUITS. — Pommes; Poires; Raisins; Oranges; Grenades; Noix.

MARS

VIANDE. — Bœuf; Mouton; Agneau; Veau.

GIBIER PERMIS. — Lapins; Canards sauvages; Macreuse; Sarcelle.

VOLAILLES. — Dindon; Poularde; Chapon; Poule; Pigeons.

POISSONS. — Saumon; Truite; Carpe; Tanche; Brochet; Barbillon; Perche; Ombre chevalier; Lotte; Lamproie; Anguille; Cabillaud; Raie; Aigle; Esturgeon; Turbot; Barbue; Sole; Limande; Carrelet; Anguille de mer; Goujon; Éperlan; Merlan; Rouget; Grondin; Thon; Vive; Bar; Mulet; Alose.

COQUILLAGES. — Escargots; Huîtres; Moules; Crevettes; Écrevisses; Homard; Langouste; Crabe tourteau.

(1) A Paris et dans les grandes villes, on trouve des champignons de couche en tous temps; mais dans les petites localités on est obligé de se contenter de ceux que l'on rencontre à la campagne à certaines époques de l'année.

VÉGÉTAUX. — Asperges de primeur; Choux; Choux de Bruxelles; Choux-fleurs; Épinards; Oseille; Laitue et Romaine de primeur; Cresson; Mâche; Raiponce; Céleri; Scarole; Cardons; Artichauts du Midi; Raves; Radis roses; Navets; Panais; Poireaux; Carottes; Betteraves; Pommes de terre; Topinambours; Patates; Dioscorée-Igname; Chicorée frisée du Midi; Barbe-de-capucin; Pissenlit; Salsifis; Cerfeuil; Persil; Ciboules; Civettes. — *Légumes secs.* Haricots divers; Lentilles; Pois cassés; Pois chiches.

FRUITS. — Pommes; Poires; Oranges; Grenades; Noix; Amandes; Fraises de primeur.

AVRIL

VIANDE. — Bœuf; Mouton; Agneau; Chevreau; Veau; Porc.

GIBIER. — Lapin de garenne; Pintade.

VOLAILLES. — Dindon; Chapon; Poularde; petits Poulets nouveaux; Pigeons.

POISSONS. — Saumon; Truite; Carpe; Tanche; Barbillon; Brochet; Perche; Ombre chevalier; Lotte; Lamproie; Anguille; Cabillaud; Raie; Aigle; Esturgeon; Turbot; Barbue; Sole; Limande; Carrelet; Maquereau; Anguille de mer; Goujon; Éperlan; Rouget; Grondin; Vive; Bar; Mulet; Alose.

COQUILLAGES. — Escargots; Huîtres; Bigorneaux; Moules; Crevettes; Écrevisses; Homard; Langouste.

VÉGÉTAUX. — Asperges; petits Pois et Haricots verts de primeur; Choux frisés; Choux-fleurs; Pousse de Houblon; Épinards; Oseille; Laitue; Romaine; Cresson; Mâche; petite Chicorée sauvage; Pissenlit; Cardons; Artichauts du Midi; Raves; Radis; Navets; Poireaux; Carottes; Betteraves; Pommes de terre nouvelles; Patates; Dioscorée-Igname; Salsifis; Verdure de toute espèce. — *Légumes secs.* Haricots; Lentilles; Pois cassés; Pois chiches.

FRUITS. — Pommes; Poires; Oranges; Fraises de primeur.

MAI

VIANDE. — Bœuf; Mouton; Agneau; Chevreau; Veau; Porc.

GIBIER. — Lapin de garenne.

VOLAILLES. — Canetons; Poulets; Pigeons.

POISSONS. — Saumon; Truite; Carpe; Tanche; Barbillon; Brochet; Perche; Ombre chevalier; Lotte; Lamproie; Anguille; Cabillaud; Raie; Aiglé; Esturgeon; Thon; Turbot; Barbue; Sole; Limande; Carrelet; Dorade; Maquereau; Orphie; Anguille de mer; Goujon; Éperlan; Rouget; Grondins; Vives; Bar; Alose.

COQUILLAGES. — Moules; Bigorneaux; Crevettes; Écrevisses; Homard; Langouste.

VÉGÉTAUX. — Asperges; Concombres; petits Pois; Haricots verts; Chous frisés; Choux-cœur-de-bœuf; Choux-fleurs; Oseille; Épinards; Laitue; Romaine; Cresson; Cardons; Artichauts; Raves; Radis; Navets; Poireaux; Carottes nouvelles; Pommes de terre nouvelles; Persil; Cerfeuil; Cresson alénois; Verdure de toute espèce; petites Fèves de marais; Morille; Mousseron.

FRUITS. — Pommes; Poires; Oranges; Fraises; Cerises de primeur; Melons de primeur.

JUIN

VIANDE. — Bœuf; Mouton; Veau; Porc.

VOLAILLES. — Canetons; Poulets; Poulardes; Pigeons.

POISSONS. — Saumon; Truite; Carpe; Cardon; Tanche; Barbillon; Brochet; Perche; Ombre chevallier; Lotte; Lamproie; Anguille; Raie; Aigle; Thon; Esturgeon; Turbot; Barbue; Sole; Limande; Carrelet; Dorade; Maquereau; Orphie; Anguille de mer; Goujon; Royan; Rouget; Grondin; Vive; Bar.

COQUILLAGES. — Moules; Crevettes; Écrevisses; Homard; Langouste; Crabe.

VÉGÉTAUX. — Asperges; Artichauts; petits Pois; Haricots verts; Haricots nouveaux écossés; Choux-fleurs; Concombres; Oseille; Épinards; Carde poirée; Laitue; Romaine; Chicorée; Cresson; Raves; Radis; Navets; Poireaux; Carottes; Pommes de terre; Verdure de toute espèce; Tomates; Aubergines; Fèves de marais.

FRUITS. — Pommes; Poires; Fraises; Cerises; Guignes; Bigarreaux; Abricots du Midi; Melons; Ananas.

JUILLET

VIANDE. — Bœuf; Mouton; Veau; Porc.

GIBIER. — Lapin de garenne; Pintades.

VOLAILLES. — Canard; Poulet; Dindonneau; Oison.

POISSONS. — Saumon; Truite; Carpe; Tanche; Barbillon; Brochet; Perche; Ombre chevalier; Lotte; Lamproie; Anguille; Cabillaud; Raie; Thon; Esturgeon; Turbot; Barbue; Sole; Limande; Carrelet; Maquereau; Anguille de mer; Goujon; Sardine; Royan; Rouget; Grondins; Vive; Bar; Mulet.

COQUILLAGES. — Moules· Crevettes; Écrevisses; Homard; Langouste.

VÉGÉTAUX. — Artichauts; Choux-fleurs; petits Pois; Haricots verts; Haricots blancs; Flageolets; Concombres; Oseille; Épinards; Carde poirée; Laitue; Romaine; Chicorée frisée; Cresson; Radis; Raves; Navets; Poireaux; Carottes; Pommes de terre; Verdure de toute espèce.

FRUITS. — Raisins de primeur; Pommes; Poires; Abricots; Prunes; Pêches; Cerises; Fraises; Groseilles; Framboises; Melons; Ananas; Figues; Amandes vertes.

AOUT

VIANDE. — Bœuf; Mouton; Porc.

VOLAILLES. — Canard; Oison; Poulet; Chapon; Poularde; Dindonneau; Pigeon.

GIBIER. — Lapin de garenne; Pluvier; Pintade.

POISSONS. — Saumon; Truite; Carpe; Tanche; Brochet; Barbillon; Cabillaud; Raie; Thon; Turbot; Barbue; Sole; Limande; Carrelet; Anguille de mer; Goujon; Royan; Sardine; Rouget; Grondin; Bar; Mulet.

COQUILLAGES. — Moules; Écrevisses; Crevettes; Homard; Langouste; Crabe.

VÉGÉTAUX. — Artichauts; Choux-fleurs; Petits pois; Haricots verts; Haricots blancs; Flageolets; Concombres; Oseille; Épinards; Navets; Poireaux; Panais; Carotte; Céleri; Pommes de terre; Salades et Verdure de toute espèce; Potiron; Tomates; Aubergines; Cornichons.

FRUITS. — Raisins; Pommes; Poires; Abricots; Prunes; Pêches; Cerises; Fraises; Groseilles; Figues; Framboises; Melon; Ananas; Cerneaux; Avelines; Amandes vertes.

SEPTEMBRE

VIANDE. — Bœuf; Veau; Mouton; Porc; Venaison.

VOLAILLES. — Canard; Oison; Poularde; Chapon; Poule; Dinde; Pintade.

GIBIER. — Lièvre; Lapin; Faisan; Perdrix; Cailles; Grives; Gelinotte; Râles; Vanneaux; Marouette; Poule d'eau; Ramiers; Ortolans; Becfigues.

POISSONS. — Saumon; Truite; Carpe; Tanche; Brochet; Barbillon; Perche; Anguille; Lotte; Ombre chevalier; Lamproie; Cabillaud; Raie; Thon; Turbot; Barbue; Sole; Limande; Carrelet; Hareng; Sardines; Anguille de mer; Goujon; Rouget; Grondin; Bar; Mulet.

COQUILLAGES. — Huîtres; Moules; Écrevisses; Crevettes; Homard; Langouste; Crabe.

VÉGÉTAUX. — Artichauts; Choux-fleurs; petits Pois; Haricots verts; Haricots blancs; Flageolets; Concombres; Oseille; Épinards; Navets; Poireaux; Panais; Carottes; Céleri; Pommes de terre; Patates; Tomates; Potiron; Verdure et Salades de toutes espèces; Champignons; Ceps; Gyroles; Aubergines; Salsifis blancs; Scorsonère; Cornichons.

FRUITS. — Raisins; Pommes; Poires; Abricots; Prunes; Pêches; Figues; Noix vertes; Fraises des quatre saisons; Amandes vertes; Melon; Ananas.

OCTOBRE

VIANDE. — Bœuf; Veau; Mouton; Porc; Venaison.

VOLAILLES. — Canard; Oie; Poulet; Chapon; Poularde; Dindonneau.

GIBIER. — Lapin ; Lièvre ; Faisan ; Perdreaux ; Cailles ; Grives ; Gelinotte ; Grouse ; Râle de genêt ; Poule d'eau ; Ramiers ; Alouettes ; Ortolans ; Pintade ; Outarde ; Canepetière.

POISSONS. — Saumon ; Truite ; Carpe ; Tanche ; Brochet ; Barbillon ; Perche ; Anguille ; Lotte ; Ombre chevalier ; Lamproie ; Cabillaud ; Raie ; Thon ; Turbot ; Barbue ; Sole ; Limande ; Carrelet ; Hareng ; Merlan ; Anguille de mer ; Goujon ; Grondin ; Bar ; Vive ; Orphie.

COQUILLAGES. — Huîtres ; Moules ; Écrevisses ; Crevettes ; Homard ; Langouste ; Crabe.

VÉGÉTAUX. — Artichauts ; Choux-fleurs ; Haricots verts ; Flageolets ; Concombres ; Oseille ; Épinards ; Navets ; Poireaux ; Panais ; Carottes ; Céleri ; Pommes de terre, Tomates ; Aubergines ; Potiron ; Laitue ; Cresson ; Romaine ; Chicorée frisée ; Scarole ; Salsifis ; Champignons ; Ceps ; Oronges.

FRUITS. — Raisins ; Pommes ; Poires ; Prunes et Pêches tardives ; Noix vertes ; Fraises des quatre saisons ; Marrons.

NOVEMBRE

VIANDE. — Bœuf ; Veau ; Mouton ; Porc ; Venaison.

VOLAILLES. — Oie ; Poularde ; Chapon ; Poulet ; Poule ; Dinde ; Pintade.

GIBIER. — Lapin ; Lièvre ; Faisan ; Perdrix ; Grives ; Gelinottes ; Grouses ; Grand et petit Coq de bruyère ; Râles ; Poule d'eau ; Ramiers ; Outarde ; Canepetière ; Alouettes ; Ortolans.

POISSONS. — Saumon ; Truite ; Carpe ; Tanche ; Brochet ; Barbillon ; Perche ; Anguille ; Ombre chevalier ; Lotte ; Lamproie ; Cabillaud ; Merlan ; Raie ; Turbot ; Barbue ; Sole ; Limande ; Carrelet ; Hareng ; Anguille de mer ; Goujon ; Éperlan ; Rouget ; Grondins ; Bar ; Mulet.

COQUILLAGES. — Escargots ; Huîtres ; Moules ; Clovis ; Écrevisses ; Crevettes ; Homard ; Langouste ; Crabe.

VÉGÉTAUX. — Artichauts ; Choux-fleurs ; Flageolets ; Oseille ; Épinards ; Laitue ; Scarole ; Cresson ; Mâche ; Raiponce ; Navets ; Poireaux ; Céleri ; Salsifis ; Panais ; Cardons ; Carottes ; Pomme de terre ; Choux de Bruxelles ; Choux de Milan ; Chou d'York ; Potiron ; Chicorée frisée ; Chicorée à cuire ; Persil ; Cerfeuil ; Ciboule, etc.

FRUITS. — Raisins ; Pommes ; Poires ; Oranges ; Grenades ; Nèfles ; Noix ; Avelines et Amandes sèches ; Marrons.

DÉCEMBRE

VIANDE. — Bœuf ; Veau ; Mouton ; Porc ; Venaison.

VOLAILLES. — Oie ; Dinde ; Poularde ; Chapon ; Poule ; Pintades.

GIBIER. — Lièvre ; Lapin ; Faisan ; Perdrix ; Gelinotte ; Coq de bruyère ; Grouse ; Râles ; Poule d'eau ; Ramiers ; Alouettes ; Ortolans.

POISSONS. — Saumon ; Truite ; Carpe ; Tanche ; Brochet ; Barbillon ; Perche ; Anguille ; Lotte ; Lamproie ; Cabillaud ; Raie ; Turbot ; Barbue ; Sole ; Limande ; Carrelet ; Merlan ; Anguille de mer ; Dorade ; Goujon ; Éperlan ; Bar ; Rouget ; Grondin ; Mulet.

COQUILLAGE. — Huîtres ; Moules ; Escargots ; Écrevisses ; Crevettes ; Homard ; Langouste ; Crabe.

VÉGÉTAUX. — Choux-fleurs ; Cardons ; Céleri ; Choux ; Choux de Bruxelles ; Chou-rave ; Radis ; Raves ; Épinards ; Oseille ; Laitue ; Scarole ; Mâche ; Raiponce ; Cresson ; Navets ; Panais ; Poireaux ; Carottes ; Pommes de terre ; Patate ; Dioscorée-Igname ; Potiron ; Cerfeuil ; Persil ; Chicorée frisée ; Chicorée à cuire ; Salsifis. — *Légumes secs.* Lentilles ; Haricots ; Pois cassés.

FRUITS. — Pommes ; Poires ; Oranges ; Grenades ; Nèfles ; Olives ; Fruits secs ; Marrons.

USTENSILES DE SALLE A MANGER

ET DE CUISINE

On a beaucoup ri et on rira encore en lisant dans un vieux livre de cuisine : « Pour faire un civet de lapin, prenez un lapin. » C'est un tort et on le reconnaît si on songe un seul instant à la quantité de civets de lapins qui se font avec des chats. Il est donc tout naturel d'indiquer en tête de ce recueil de recettes de cuisine, empruntées à tous les auteurs pour l'usage des petits ménages, quelques ustensiles de salle à manger et de cuisine qui, malgré leur incontestable utilité et leur commodité, sont encore d'un usage restreint.

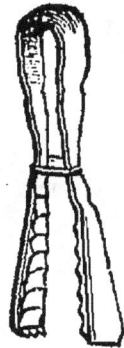

1. Manche à gigot.   2. Casse-noix.   3. Pince à asperges.

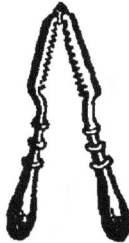

4. Fourchette à détacher les huîtres.   5. Sécateur de table ou disjoncteur de gibier.

6. Brosse à miettes.

7 Petit baquet pour recevoir les miettes.

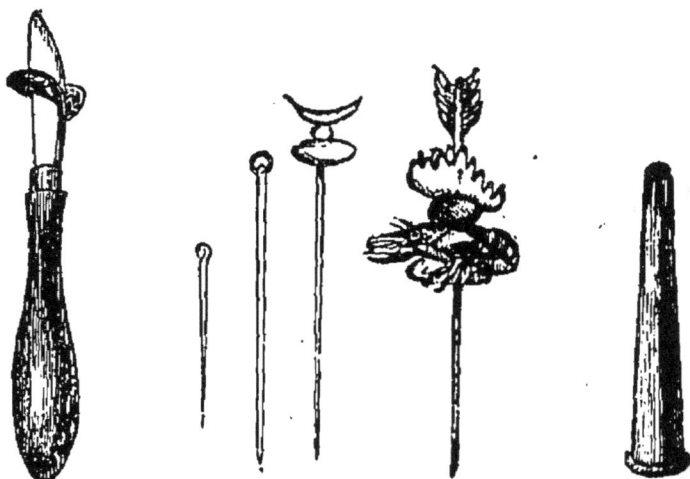

8. Instrument pour ouvrir les boîtes à sardines.

9. Hâtelets.

10. Vide-pommes.

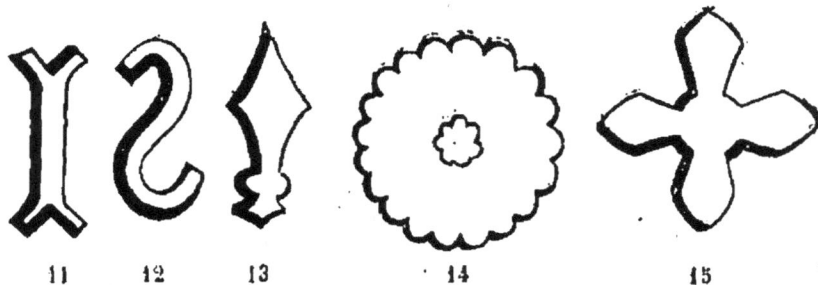

11   12   13   14   15

11, 12, 13 14 et 15, figures d'emporte-pièce pour l'ornement des bordures de plats se découpant à l'aide du taille-légumes (Voir fig. 17.)

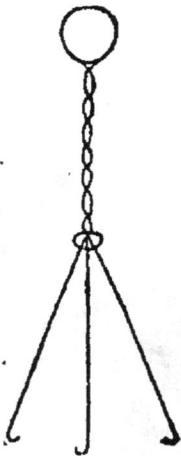

16. Tire-bouchon
pour l'intérieur
des bouteilles.

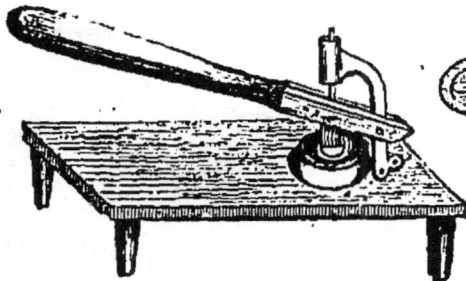

17. Taille-légumes.

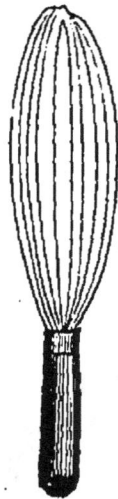

18. Fouet pour
battre les blancs
d'œufs.

19. Boule à riz.

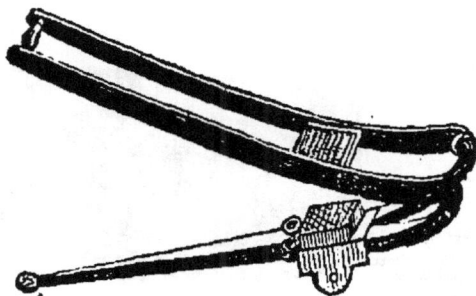

20. Coupe-julienne.

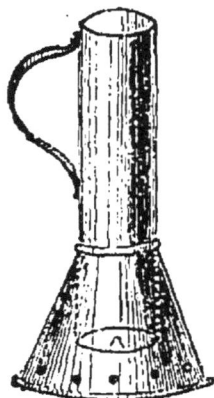

21. Ventilateur pour allumer
le feu.

22. Seau en zinc.

23. Panier à pain.

TERMES DE CUISINE

Bien que les recettes qui composent ce recueil soient d'une simplicité extrême, il peut se faire qu'elles renferment des expressions techniques, dont tout le monde ne connaît pas la signification ; pour que rien n'embarrasse le lecteur, indiquons les principales.

Abaisse. — Fond de pâte de toute espèce de pâtisserie.

Accolade. — Deux pièces de même nature servies ensemble.

Blanchir. — C'est passer dans l'eau bouillante viandes, fruits ou légumes, soit pour en faciliter le nettoyage ou en retirer l'âcreté.

Brider. — Retenir par une ficelle les membres d'une volaille, ou maintenir dans une forme voulue une pièce de boucherie.

Ciseler. — Faire des incisions au couteau à de la viande, à du poisson ; se dit aussi de l'oseille hachée grossièrement.

Dégorger. — Faire séjourner des viandes, poissons ou légumes un certain temps dans de l'eau.

Dessécher. — C'est remuer des légumes dans une casserole sur le feu, pour éviter qu'il ne s'attachent tout en se desséchant.

Dresser. — Disposer sur un plat les mets que l'on veut servir.

Échauder. — Plonger dans de l'eau bouillante.

Émincer. — Couper en tranches minces.

Escaloper. — Couper en tranches un peu plus épaisses qu'en éminçant.

Étuver. — Faire cuire dans un vase clos.

Flamber. — Passer gibier à plumes ou volailles au-dessus d'un feu clair.

Foncer. — Mettre au fond d'une casserole des tranches de viandes.

Frémir. — État voisin de l'ébullition d'un liquide.

Glace. — Jus de viande.

Glacer. — Passer au pinceau avec du jus de viande des viandes rôties, sautées, etc.

Hâtelet. — Tige pointue d'un ou des deux bouts, en fer ou en argent, dont on se sert en cuisine pour les grillades, les rôtis ou l'ornementation.

Limoner. — Échauder et gratter certains poissons, pour enlever le limon qui les couvre.

Masquer. — Couvrir un mets dressé sur un plat avec une sauce.

Mijoter. — Cuire lentement.

Mouiller. — Ajouter un liquide à un objet pendant sa cuisson.

Parer. — Opération qui consiste à enlever d'une volaille ou d'une viande toutes les parties qui la déparent.

Paner. — Saupoudrer de mie de pain.

Passer. — Faire revenir sur le feu avec du beurre des viandes ou des légumes, dans une casserole.

Pocher. — On poche les œufs en les cassant dans de l'eau bouillante.

Puits. — Partie vide restant au milieu de morceaux de viandes ou d'une bordure de légumes arrangés en couronne sur un plat.

Trousser. — Même signification que brider.

DES POTAGES

Le potage gras, dit *Pot-au-feu*, est le potage national des Français ; il se prépare de deux manières, soit avec des basses viandes et des débris de bœuf, si on ne veut que du bouillon, soit avec des morceaux de choix, si on veut à la fois obtenir du bouillon et une pièce de bœuf bouillie. Nous n'avons à nous occuper en ce moment que du bouillon.

Bouillon gras. — N'en déplaise à d'aucuns, c'est dans un pot de terre ayant servi plusieurs fois que s'obtient le meilleur bouillon ; cependant on en fait de bons aussi dans une marmite de cuivre bien étamée. Le gîte de cuisse de bœuf, qui, à Paris coûte de 55 à 60 centimes les 500 grammes, suffit pour faire d'excellent bouillon. Voici comment on procède :

Couper la viande par morceaux, briser les os et mouiller avec autant de litres d'eau qu'il y a de livres de viande, saler et placer sur le feu. Quand la viande a écumé on y ajoute carottes, navets, panais, bouquet de persil, feuille de laurier, clous de girofle et un peu de sucre ; après sept heures d'ébullition constante, sans addition d'eau, le bouillon est parfait.

Si on tient à l'avoir hors ligne, il faut mettre une poule dans la marmite en même temps que la viande, mais alors le sucre est inutile.

2.

Conservation du bouillon. — On sait avec quelle promptitude le bouillon s'aigrit dans les temps chauds. Il y a un moyen fort simple, mais sûr, de le conserver en tout temps; il consiste à faire bouillir le bouillon soir et matin dans les plus fortes chaleurs et une fois en vingt-quatre heures dans les temps ordinaires. Seulement, quand le bouillon est destiné à être conservé, il faut le saler fort peu.

Bouillon gras pour malades. — Prendre un jeune poulet maigre, une demi-livre de veau sans graisse, 20 grammes de poireaux, 10 grammes d'oignons; retirer la peau du poulet, le hacher menu ainsi que le veau; mettre le hachis dans une casserole et le mouiller d'un litre et demi d'eau; ajouter oignons et poireaux coupés en morceaux très minces; tourner sur le feu jusqu'à l'ébullition et laisser bouillir vingt minutes sur le coin du fourneau, passer ensuite à travers une serviette et servir.

Pour que le bouillon qui s'obtient en une demi-heure soit clair, il faut éviter qu'il bouille fort.

En substituant au poulet et au veau, une livre et demie de bœuf haché très menu et en le traitant de même, on a, en aussi peu de temps, un excellent bouillon de bœuf.

Potage au pain. — Un peu avant de servir, mettre dans une soupière des croûtes de pain, verser dessus un peu de bouillon dégraissé et passé au tamis, et, dès que ces croûtes sont imbibées et gonflées, remettre du bouillon en quantité suffi-

sante pour que le potage ne soit pas trop compacte,
et servir. On présente en même temps et à part les
légumes qui on cuit dans le pot.

Potage croûte au pot. — Passer au four ou sur
le gril des croûtes de pain, les mettre ensuite dans
une casserole, et verser dessus du bouillon non
dégraissé ; laisser réduire et gratiner à petit feu,
puis égoutter la graisse ; ajouter, en quantité suffisante, du bouillon et des légumes du pot-au-feu
passés au couteau et servir.

Potage au riz. — Nettoyez du riz, le laver à
plusieurs eaux, le blanchir pendant quelques minutes, l'égoutter, le mettre dans du bouillon en
ébullition, le laisser bouillir doucement sur l'angle
du fourneau pendant vingt-cinq minutes et servir.

Potage avec semoule et chiffonade d'oseille. —
Faire crever la semoule dans du bouillon, ajouter
ensuite du bouillon en quantité suffisante, et laisser bouillir pendant dix minutes. Au moment de
servir, jeter dans le bouillon des feuilles d'oseille
débarrassées de leurs nervures et grossièrement
hachées.

Potage aux pâtes d'Italie. — Les pâtes ayant
bouilli dix minutes dans de l'eau, les égoutter,
puis les jeter dans du bouillon, laisser bouillir pendant cinq minutes, s'assurer que le potage est de
bon goût et servir.

On présente en même temps du parmesan râpé.
Les pâtes sont parfois de mauvaise qualité et

altèrent le bouillon, en les cuisant à l'eau d'abord, on évite ces sortes d'accidents.

Potages aux lazagnes ou au macaroni. — Ils se préparent comme le potage aux autres pâtes d'Italie.

Les lazagnes font un excellent potage; et, de toutes les pâtes d'Italie, c'est, après le macaroni et le vermicelle, celle qui s'allie le mieux avec le fromage, qu'il ne faut jamais oublier de servir en même temps.

Potage à la julienne. — Couper en filets deux carottes, deux navets, deux racines de céleri; passer ces légumes sur un feu doux dans du beurre, en remuant sans cesse jusqu'à ce qu'ils soient légèrement colorés; ajouter deux poireaux coupés en filets, quelques feuilles de laitue et d'oseille, très peu de cerfeuil sans ses branches, et un petit morceau de sucre. Mouiller avec une quantité suffisante de bouillon, laisser mijoter pendant une heure; et, peu de temps avant de s'en servir, mettre dans le potage, si la saison le permet, une cuillerée à bouche de petits pois verts et autant de pointes d'asperges blanchies à l'eau bouillante; quand le tout est cuit, dégraisser le potage et le verser bouillant sur des croûtes à potage.

Potage aux choux. — Après avoir fait blanchir un chou le mettre dans une casserole ou une marmite avec du petit lard, quelques tranches de jambon et de mouton, un bouquet garni; mouiller avec de l'eau, et faire cuire à petit feu pendant quatre heures. Verser ensuite le bouillon dans lequel aura cuit le chou sur du pain préparé comme pour le potage au pain ; arranger le chou par-dessus et faire mitonner le tout pendant un quart d'heure.

Potage au potiron. — Peler, éplucher et couper en petits morceaux le potiron et le mettre dans une casserole sur le feu avec un peu d'eau ; lorsqu'il est bien cuit, l'égoutter, le passer au tamis ou à la passoire ; mouiller la purée avec du lait, ajouter un peu de sel, du beurre bien frais ; faire bouillir le tout et verser sur des croûtons frits dans le beurre. On peut ajouter un peu de sucre.

Préparer de même le potage aux citrouilles, au giraumont, etc.

Potage aux carottes nouvelles. — Tourner en olive des carottes nouvelles ; les blanchir à l'eau bouillante ; les égoutter ; les faire cuire dans du bouillon, et verser le tout sur du pain.

Potage aux choux-fleurs. — Éplucher et faire blanchir, à l'eau bouillante, des choux-fleurs, ensuite, après les avoir bien égouttés, les faire revenir à la casserole dans du beurre ; les mouiller avec de l'eau et du bouillon et achever de les cuire. Tailler du pain en tranches minces, le faire griller ; jeter ce pain dans la soupe ; laisser le tout mitonner jusqu'à consistance de purée, verser dans une soupière et servir.

Potage aux concombres. — Procéder comme pour le potage aux carottes nouvelles.

Potage aux herbes. — Mettre dans une casserole un bon morceau de beurre; ajouter oseille, poirée, cerfeuil, laitue, belle-dame, etc. Quand le tout est bien fondu et bien cuit, verser dessus de l'eau en quantité suffisante; saler, faire jeter quelques bouillons; lier avec des jaunes d'œufs et un peu de crème double, si on en a, et verser sur le pain.

Potage à l'oignon. — Couper en forme de petits dés, ou par tranches très minces quelques oignons, et les faire revenir dans du beurre jusqu'à ce qu'ils aient pris une belle couleur dorée; les mouiller alors avec un peu de bouillon, et passer le tout au tamis en pressant un peu comme pour obtenir une purée. Remettre cette purée sur le feu et mouiller avec du bouillon. Passer au beurre de petits morceaux de pain ccupés en dés, et, dès qu'ils ont pris belle couleur, verser dessus le bouillon aussitôt qu'il sera bouillant, et servir sur-le-champ.

Cette soupe ou potage se fait aussi en maigre; on augmente alors la dose de beurre, et on mouille avec de l'eau

Potage aux raves. — Il faut couper les raves en dés, les blanchir à l'eau bouillante pendant six à sept minutes, les égoutter et les placer dans un petit pot-au-feu qu'elles remplissent aux trois quarts, y mêler de la graisse de la marmite et un peu de petit salé. Entourer le pot de cendres rouges et laisser roussir en remuant de temps à autre. On mouille ensuite les raves avec du bouillon et, après cuisson, on trempe le potage à l'ordinaire, en ayant soin de le dégraisser.

Si, après avoir trempé des croûtes de pain dans la marmite, on les passe sur le feu dans une casserole pendant quelques minutes, qu'on saupoudre de parmesan et de gruyère râpés, que l'on gratine un peu à feu modéré et que l'on verse dessus le bouillon de raves, on aura à peu de frais un potage peu ordinaire.

Potage à la purée de navets. — Après avoir gratté et lavé 500 grammes de navets, les mettre dans une casserole avec 2 litres d'eau, 1 hecto de beurre et 200 grammes de riz bien lavé, et faire cuire à feu doux, en veillant à ce que les navets ne s'attachent point au fond de la casserole.

Lorsqu'ils sont cuits, les passer à l'étamine et remettre cette purée sur le feu en la mouillant avec du lait si elle est trop épaisse, tourner avec la cuiller de bois et, au moment de servir, ajouter 100 grammes de beurre fin et 3 décilitres de crème double.

Ce potage se garnit avec de petits croûtons, ou du riz que l'on a fait crever à part.

Potage à la purée de carottes. — Émincer les parties rouges de quelques grosses carottes bien fraîches, les placer dans une casserole avec un morceau de beurre, ajouter une pincée de sucre et les faire revenir tout doucement à casserole couverte, en les remuant de temps en temps ; mouiller avec du bouillon et ajouter une grosse pomme de terre crue et épluchée, laisser cuire à feux doux, et, quand tout est bien cuit, additionner la quantité de bouillon suffisante ; replacer sur le feu, et, au premier bouillon, servir avec une assiette de croûtons frits à part.

Potage à la purée de pommes de terre. — Faire cuire sous la cendre ou dans de l'eau salée de bonnes pommes de terre rondes jaunes; en enlever la peau; les passer au tamis ou à la passoire, mettre la purée dans une casserole avec du beurre bien frais; ajouter sel, poivre et lait en suffisante quantité; laisser jeter un bouillon, et servir sur des croûtons frits.

Potage à la parisienne. — Couper des poireaux en filets de la longueur de 3 centimètres; les passer au beurre; quand ils sont suffisamment roux, verser dessus du bouillon et ajouter des pommes de terre coupées en lames; laisser bien cuire et verser dans la soupière sur du pain coupé.

Potage aux poireaux. — Passer au beurre des poireaux; quand ils sont roux, verser dessus du bouillon et laisser bouillir pendant une demi-heure avant de servir.

Potage au riz, à la purée de haricots rouges. — Mettre dans une casserole 1 litre de haricots rouges, 5 litres d'eau, un bouquet de persil peu garni, 100 grammes d'oignons, 25 grammes de céleri, 50 grammes de carottes, très peu de sel, 100 grammes de beurre, et tenir sur le feu jusqu'à cuisson parfaite des haricots. Les égoutter, les passer et les mouiller avec la cuisson, en ayant soin de ne pas faire la purée trop claire, la placer ensuite sur un feu très doux pendant une heure, et, au moment de servir, y ajouter 2 hectos de riz, préalablement lavé, blanchi et cuit dans l'eau avec sel et 30 grammes de beurre. Faire bouillir le mélange, le bien remuer, l'écumer et servir.

Potage au lait. — Tailler des tranches de pain de même forme, les saupoudrer de sucre, les griller de belle couleur, les disposer dans une soupière avec un peu de sel; verser dessus du lait ou de la crème bouillante, et lier avec des jaunes d'œufs.

Potage de riz au lait d'amandes. — Dans 2 litres de lait bouilli, mettre 300 grammes de riz blanchi et à moitié cuit; pour qu'il termine tout doucement sa cuisson, assaisonner avec un peu de sel et de sucre, puis, au moment de servir, mélanger au potage un quart de litre de lait d'amandes et verser de suite.

Voici la formule du lait d'amandes :

Amandes douces dépouillées de leur pellicule, 32 grammes ;
Sucre blanc, 32 grammes ;
Eau froide, 1,000 grammes.

Piler les amandes avec une petite quantité d'eau froide dans un mortier, de manière à les réduire en une pâte très fine; délayer cette pâte avec le reste de l'eau : faire dissoudre le sucre; passer à travers une étamine.

Potage au poisson. — Placer dans une casserole des poissons, tels que merlans, grondins, soles, limandes, carrelets, anguilles de mer, etc., les couvrir d'eau, assaisonner avec un oignon, une carotte

3

coupée en rouelles, du céleri, un cœur de laitue et
du persil, le tout passé au beurre, deux clous de
girofle, et faire bouillir. Après une bonne cuisson,
passer, incorporer du beurre et un peu de safran,
faire bouillir, verser sur les croûtes de pain et
servir.

Autre. — Verser dans une casserole 250 grammes d'huile d'olive; la faire chauffer; mettre, avec
cette huile un morceau d'anguille de mer coupé en
tronçons, deux merlans, un carrelet, puis une
pincée de persil, une gousse d'ail, une feuille de
laurier, une pincée de fenouil, du sel et une quantité d'eau suffisante; faire cuire pendant vingt à
trente minutes, et verser cette préparation, en la
passant au tamis, sur du pain préparé à l'avance.

Potage bisque d'écrevisses. — Avoir cinquante
écrevisses vivantes, ou davantage selon leur grosseur. Les laver à plusieurs eaux. Les égoutter, les
mettre à cuire sur un bon feu avec du bouillon,
sans qu'elles nagent dans le liquide. Les retirer du
feu dès qu'elles sont cuites et les laisser couvertes
un demi-quart d'heure. Les jeter ensuite dans une
passoire et garder le bouillon. Lorsque les écrevisses sont à moitié froides, leur ôter les queues,
les éplucher et mettre les épluchures avec les corps
dans un mortier. Piler le tout jusqu'à ce qu'on en
obtienne une pâte rouge. Mettre une poignée de
mie de pain mollet dans le bouillon où elles ont
cuit, dessécher ce pain sur un feu doux et le jeter
dans le mortier avec les écrevisses. Délayer le tout
avec de bon bouillon, le passer à travers une éta-

mine et le mettre dans une casserole sur le feu, sans le laisser bouillir. Bien remuer et faire en sorte que la bisque ne soit ni trop claire ni trop épaisse. On goûte alors si elle est d'un bon sel et on s'en sert pour en faire un potage, soit avec du riz, soit avec de petits croûtons passés au beurre.

Potage aux crabes. — Faire cuire une vingtaine de petits crabes dans une eau de sel avec quelques oignons, du persil en branches et des tranches de carotte. Les retirer au bout de vingt minutes et les laisser refroidir dans leur cuisson. Égoutter ces crabes, et, sans les éplucher, les piler dans un mortier en y joignant de la mie de pain tendre, ou bien deux cuillerées de riz crevé. Mouiller cette pâte avec du bouillon des quatre racines, si c'est un jour maigre. La faire passer à l'étamine et ensuite bien chauffer au bain-marie, en y joignant la quantité de bouillon gras ou maigre qui sera nécessaire pour constituer le potage. Ces crustacés doivent être de ceux qu'on appelle *poupards* sur la côte de Normandie et non pas d'une autre espèce à qui l'on a donné le nom de *poings-clos*, parce qu'ils ne contiennent jamais autant d'œufs ou de laitance.

BOUILLONS POUR MALADES ET CONVALESCENTS

Bouillon de veau. — Mettre 125 grammes de jarret ou de rouelle de veau dans une petite marmite ou dans une casserole et verser dessus un litre d'eau froide; ajouter du sel, une carotte, un ou deux oignons, quelques feuilles de laitue et un peu de cerfeuil; faire bouillir doucement pendant une heure et demie; passer et conserver pour s'en servir au besoin.

Bouillon de poulet. — Prendre le quart d'un poulet et procéder absolument comme pour le bouillon de veau. Le bouillon de poulet a les mêmes propriétés que le bouillon de veau.

On peut modifier ces deux sortes de bouillon (de veau et de poulet) et y faire entrer d'autres ingrédients, ou bien changer les proportions des substances qui entrent dans leur composition; mais c'est au médecin à en décider selon les cas.

Bouillon d'escargots. — Il faut avoir une douzaine d'escargots mis à dégorger dès la veille; le lendemain, en casser les coquilles, car il ne serait guère possible de les en sortir, ou il faudrait les faire blanchir, ce qui leur ôterait toute la partie glutineuse; les mettre dans une casserole avec un litre d'eau; ajouter une laitue coupée en quatre parties, quelques feuilles de pourpier, deux dattes, quatre jujubes, très peu de sel, seulement pour enlever la fadeur et écumer jusqu'à l'ébullition. Alors poser la casserole sur l'angle du fourneau pour que le bouillon mijote pendant trois heures, et que, durant sa cuisson, il réduise d'un tiers; on aura fait dissoudre une once de gomme dans la moitié d'un verre d'eau tiède; verser cette gomme dans le bouillon d'escargots, avant de le passer à la serviette, dans une jatte de faïence, pour le chauffer sans ébullition à mesure que l'on en aura besoin ; ajouter à la gomme un morceau de sucre candi.

Bouillon de grenouilles. — Mettre dans un demi-litre d'eau la moitié d'une carotte, un oignon blanc, quelques rouelles de panais, une laitue, un bouquet de cerfeuil, un peu de sel, gros comme une muscade de sucre candi ; laisser cuire ces légumes, et, lorsque l'on sera assuré de leur cuisson, jeter dedans trois douzaines de cuisses de grenouilles sans être dégorgées ; les faire partir pour écumer et laisser mijoter une demi-heure ; passer alors à la serviette et conserver chaud le bouillon pour être servi par tasse.

Bouillie. — Aliment composé de farine délayée et cuite dans le lait, puis édulcorée avec du sucre. C'est une nourriture que l'on a coutume de donner aux très jeunes enfants. La bouillie ne doit pas être trop épaisse, et il faut qu'elle soit bien cuite et faite avec du lait de bonne qualité. A ces conditions, elle est nourrissante, saine et d'assez facile digestion.

On fait la bouillie avec les farines de froment, de gruau, d'orge, de maïs, de riz, de sarrasin, etc. La meilleure de toutes est celle qui est faite avec la farine de froment.

DES SAUCES

Roux. — Le roux est la base de presque toutes les sauces brunes.

Mettre dans une casserole du beurre mêlé à de la farine fine et à la consistance de pâte ferme, placer la casserole sur un fourneau assez vif et l'y laisser, en ayant soin de remuer toujours, jusqu'à ce qu'il soit d'un blond clair ou foncé suivant le besoin. Mouiller alors avec eau ou bouillon, tout en continuant à remuer et au premier bouillon, retirer du feu.

Les roux ont souvent de l'âcreté qui provient d'une cuisson trop prompte ou trop avancée. On l'évite, en retirant la casserole de dessus le fourneau lorsque le roux commence à blondir et en la mettant en dessous sur la cendre chaude, de manière à ce que la cendre rouge du fourneau tombe sur le couvercle qui la couvre, et en remuant l'appareil toutes les cinq minutes jusqu'à ce qu'il soit d'un beau roux. Retirer alors la casserole et mouiller le roux comme ci-dessus.

Sauce blanche. — La sauce blanche est la sauce le plus généralement employée dans les petits ménages; il est plusieurs manières de procéder à sa préparation, voici la plus prompte.

Délayer avec soin dans une casserole de la farine avec un peu d'eau froide, placer la casserole sur le feu et tout en remuant le mélange avec une cuiller de bois, ajouter de l'eau en pleine ébullition en la versant modérément, mais sans discontinuer; la sauce épaissira de suite. Laisser un instant cuire la farine, puis saler et poivrer la sauce, et y incorporer, toujours en la remuant, un morceau de beurre frais.

Si la sauce vient à tourner, il suffit pour la remettre d'y jeter un peu d'eau fraîche et de l'y mélanger vivement.

Au moment de servir, retirer la casserole du feu, lier la sauce avec des jaunes d'œufs, accompagnés d'un filet de vinaigre, de verjus ou de citron et ne plus la laisser bouillir.

Une sauce blanche est d'autant plus fine qu'il y entre moins de farine et plus de beurre et de jaunes d'œufs.

La noix muscade râpée fait au mieux dans la sauce blanche.

Sauce à la maître d'hôtel. — Hacher fin du persil et le pétrir avec du beurre, en ajoutant sel, poivre et filet de vinaigre.

On emploie cet amalgame froid dans les légumes, poissons ou viandes cuites, dont la chaleur est suffisante pour le faire fondre.

Sauce à la maître d'hôtel liée. — Faire une sauce blanche, et, quand elle bout, y incorporer de la maître d'hôtel dans la proportion de 1 à 5.

Beurre fondu. — Faire fondre du beurre sans bouillir et y incorporer sel, poivre, vinaigre ou jus de citron.

Beurre noir. — Mettre du beurre dans une poêle sur le feu et l'y laisser jusqu'à ce qu'il ait une couleur d'un brun foncé; le retirer alors du feu et laisser refroidir.

Mettre du vinaigre avec poivre dans la poêle et

le laisser réduire, puis le verser dans le beurre
froid ; pour servir faire chauffer le tout.

Sauce hollandaise. — C'est une sauce blanche
faite sans farine.

Mettre dans un bol du beurre fin et des jaunes
d'œufs, à la proportion de 3 jaunes d'œufs pour
125 grammes de beurre, sel blanc, vinaigre, ou jus
de citron et faire chauffer au bain-marie, en remuant avec une cuiller en bois, jusqu'à consistance
épaisse.

Sauce à la crème. — Elle se fait absolument
comme la sauce blanche, avec cette différence que
l'on mouille avec du lait chaud au lieu d'eau ou de
bouillon.

Sauce à la béchamel maigre. — Elle n'est autre
que la *sauce à la crème* dans laquelle on a incorporé échalotes, ciboules et persil finement hachés.
Pour servir passer au tamis de crin.

Sauce à la béchamel grasse. — La préparation
est la même que celle de la sauce blanche, mais on
la mouille avec moitié crème et moitié bon bouillon, et on y ajoute échalotes, ciboules, persil, hachés menu et noix muscade râpée. Cette sauce doit
également être passée au tamis avant de la servir.

Sauce à la Duxelle. — Mettre dans une casserole un maniveau de champignons hachés, du persil haché, deux échalotes, une pointe d'ail également hachée ; ajouter un peu de beurre fin, un peu
de gras de lard râpé, deux clous de girofle, un peu

de mignonnette, de muscade râpée, de thym et de laurier; passer légèrement cette préparation sur un feu doux, incorporer un peu de farine et mouiller avec du vin blanc; faire réduire d'un tiers, et conserver cette sauce pour les préparations en papillotes de volaille et de gibier.

Sauce piquante. — Faire un roux, mouiller avec du bouillon ou de l'eau, ajouter une cuillerée d'échalotes hachées, trois cuillerées de vinaigre, poivre, thym, laurier, faire bouillir et réduire, puis assaisonner de sel si besoin il y a.

Sauce ravigote. — Faire un roux, mouiller avec moitié vin blanc et moitié bouillon, laisser réduire. Ajouter estragon, pimprenelle, civette, cerfeuil, jus de citron, sel et gros poivre et servir.

Sauce italienne. — Mettre dans une casserole beurre, persil, échalotes, champignons, le tout haché très menu, mêler un peu de farine et mouiller avec du vin blanc; faire réduire; puis ajouter du consommé; faire bouillir à feu vif; écumer, dégraisser; et, quand la sauce est arrivée à une bonne consistance, la retirer de la casserole et la tenir chaudement sans qu'elle bouille.

Sauce poivrade. — Mettre dans une casserole un verre de vinaigre, 6 grammes de laurier, 6 grammes d'oignons, 25 grammes de persil et même quantité d'échalotes, avec sel et gros poivre; placer sur le feu et faire réduire entièrement, sans cependant laisser brûler; ajouter alors 30 grammes de beurre et 2 grammes de farine, les laisser blon-

dir légèrement; mouiller avec du bouillon, mettre
à cuire; en remuant avec une cuillerée de bois pendant un quart d'heure, et enfin passer.

Sauce au beurre d'anchois. — Bien laver les
anchois, après en avoir ôté l'arête et les écailles;
les essuyer, les hacher et les piler enfin dans un
mortier; quand ils sont réduits en pâte, les amalgamer avec un poids double de bon beurre frais,
ce qui fait du beurre d'anchois. Pour faire une
sauce avec ce beurre, il faut en mettre dans un
roux mouillé de très bon bouillon et tenu tiède, et
le remuer dans la casserole pour que le mélange se
fasse bien.

Sauce Robert. — Passer dans une casserole des
oignons coupés en petits dés, avec du beurre.
Quand ils sont à demi-roux, mêler un peu de farine; mouiller avec du bouillon et laisser bouillir;
après une demi-heure, dégraisser, assaisonner,
incorporer un peu de moutarde et servir.

Sauce aux tomates. — Couper en deux des tomates bien mûres; les mettre dans une casserole
avec quelques émincés de jambon maigre, quelques oignons coupés en tranches, thym, laurier,
mignonnette; laisser mijoter pendant une demi-
heure, puis ajouter deux bonnes cuillerées de bouillon; faire bouillir jusqu'à consistance convenable
et passer au travers d'une passoire fine. Au moment
du service, ajouter un morceau de beurre.

Sauce verte. — Prendre cerfeuil, cresson alénois, pourpier, pimprenelle, estragon, ciboule,

piler le tout après l'avoir haché, ajouter de l'huile d'olive, sel, gros poivre et moutarde, et mélanger le tout. Si la sauce n'est pas assez relevée, ajouter un filet de vinaigre.

Sauce tartare ou *rémoulade.* — Hacher très fin ciboules, câpres, anchois, et les mêler à de la moutarde assaisonnée de sel; incorporer de l'huile d'olive en battant le mélange pour qu'elle ne s'en sépare pas et un peu de vinaigre.

Rémoulade chaude. — Mettre dans une casserole beurre, persil, ciboules, champignons et pointe d'ail, le tout haché; ajouter un peu de farine, mouiller avec du jus, du consommé ou du bouillon et une cuillerée d'huile; faire jeter quelques bouillons; ajouter sel et muscade râpée, et sur le point de servir, ajouter un peu de moutarde bien délayée avec la rémoulade.

Sauce bayonnaise. — Mélanger deux jaunes d'œufs, le jus d'un citron, ajouter sel, poivre, moutarde, épices; verser peu à peu de l'huile sur le mélange en tournant toujours, la sauce ne tarde pas à s'épaissir; si elle tourne, on la ramène immédiatement en y incorporant un peu de vinaigre. Quand on a fait la quantité voulue, ajouter le vinaigre nécessaire.

On se sert de la sauce bayonnaise pour les salades de poissons, de volailles et de légumes cuits.

Sauce à l'huile. — Couper par tranches un citron dont on a enlevé l'écorce et le blanc; le mettre dans un petit bol avec de l'huile, du vinaigre, sel, poivre, ail si on l'aime, persil et estragon hachés, un peu de piment, et battre le tout ensemble; on en sauce avec cette composition les poissons grillés.

Sauce indienne. — Prendre gros comme un œuf de beurre, trois gousses de petit piment enragé, écrasé, une cuillerée à café de poudre de safran de l'Inde; mettre le tout dans une casserole et faire chauffer jusqu'à ce que ce soit presque frit. Verser alors un roux mouillé de bon bouillon; laisser réduire; dégraisser la sauce et la tenir chaude au bain-marie; pour s'en servir, la lier avec gros comme un œuf d'excellent beurre.

DES JUS ET DES BRAISES

Dans les ménages bourgeois il est parfois de grands jours où on doit préparer de grosses pièces et apporter un soin particulier à leur préparation; il n'est donc pas hors de propos d'indiquer ici comment s'obtient *le jus* et comment se font *les braises.*

Jus. — Après avoir beurré le fond d'une bassine ou d'une casserole, mettre des tranches de culotte de bœuf, des tranches de jambon, un jarret de veau, le train de derrière d'un ou deux lapins, une perdrix coupée en quatre, si l'on en a, des débris de viandes de toute sorte, etc.; ajouter carottes, oignons en tranches, girofle, laurier, persil, ciboules; mouiller le tout avec un peu de bouillon; faire partir sur un feu ardent; lorsque les viandes commencent à s'attacher, les piquer avec la pointe d'un couteau; diminuer le feu, afin que le jus n'aille point trop vite; veiller à ce qu'il ne brûle pas, mais qu'il s'attache tout doucement, jusqu'à ce qu'il soit d'un brun presque noir; quand il est arrivé à ce point, retirer du feu la casserole; et laisser chaudement pendant dix minutes; au bout de ce temps, mouiller avec un peu de bouillon; remettre la casserole sur le feu; laisser mijoter le jus au moins pendant trois heures, en ayant bien soin de l'écumer; puis le dégraisser et le passer à la serviette. Ce jus s'emploie à colorer les potages, sauces, entrées ou entremets qui l'exigent.

Braises. — Les *braises* sont une des parties les plus importantes de la cuisine; cette manière de préparer les viandes en relève infiniment le goût, parce que, cuisant ainsi sans aucune évaporation, elles conservent tout leur suc et ne perdent rien de leur saveur. On en connaît de deux espèces : la braise ordinaire et la braise blanche. Voici la préparation de la première.

Braise ordinaire. — Elle se fait en fonçant une marmite avec des bardes de lard et des tranches de bœuf de l'épaisseur d'un doigt, que l'on assaisonne avec des fines herbes, oignons, carottes, thym, laurier, poivre, sel, muscades et épices fines. On place sur ce lit la pièce que l'on veut braiser. On la couvre et on l'assaisonne par-dessus de même

4

que par-dessous, de façon que le vase soit bien rempli, car moins il y aura d'accès à l'air et plus la braise sera succulente. On ferme ensuite la marmite et on lute tous les joints du couvercle avec de la pâte, de manière qu'elle soit close hermétiquement. On met enfin du feu dessus et dessous, et on a soin de l'entretenir; en observant cependant de le diminuer à mesure que la cuisson s'avance. Cette braise s'emploie principalement pour les grosses pièces qui ont besoin d'un fort assaisonnement.

Braise blanche ou *demi-braise*. — Elle se fait en fonçant simplement la marmite avec des bardes de lard et des tranches de veau en remplacement de bœuf. L'assaisonnement est composé des mêmes substances que la *braise ordinaire*, mais il est beaucoup moins fort, cette braise ne servant que pour des pièces d'un petit volume.

La braise, qui paraît chose facile à faire, demande cependant la plus grande attention; elle a l'avantage d'attendrir toute espèce de viandes, de volaille, de gibier, de leur conserver tous leurs sucs, et de fournir un mets succulent.

PATE A FRIRE ET FRITURE

Pâte à frire. — Pour un quart de farine, il faut deux jaunes d'œufs, deux cuillerées à bouche d'huile d'olive, un peu de sel et environ un quart de litre d'eau; mêler le tout, et, au moment de l'employer, additionner les deux blancs d'œufs bien fouettés.

Il en est qui, dans la pâte à frire mettent un peu d'eau-de-vie.

Fritures. — Les mets frits sont assez nombreux pour qu'on accorde à la friture une sérieuse attention.

Frire paraît au premier abord une chose facile. Ce travail exige cependant une certaine habitude.

Les différents corps gras employés pour les fritures sont : la graisse de bœuf, le saindoux, l'huile et le beurre clarifié.

La meilleure friture est la friture faite de graisse de bœuf, surtout si elle provient du dégraissage du pot-au-feu, mélangé à de la graisse de rognons de bœuf fondue et passée.

Le saindoux mousse en cuisant. Les fritures qu'on en obtient sont brunes et souvent molles.

La friture à l'huile, qui doit être d'huile d'olive pure et souvent renouvelée, n'est parfaite que pour frire des objets d'un petit volume. Une cuisson trop longue lui fait contracter un goût assez désagréable.

Le beurre clarifié a un grand mérite, mais cette friture n'est pas économique. On doit cependant l'employer de préférence pour frire le pain, croûte ou mie. La friture au beurre a une certaine délicatesse de goût assez difficile à obtenir à l'aide des autres.

La poêle à frire ne doit jamais être remplie à plus de moitié, si l'on veut éviter les accidents.

On reconnaît que la friture est suffisamment chaude lorsqu'elle pétille si l'on y jette un peu de

pain, ou en secouant au-dessus les doigts légèrement mouillés.

Si l'on désire une friture rouge pour saisir vivement des petits objets, on attend le moment où il
se forme une légère vapeur à sa surface, ce qui indique qu'elle a atteint son plus haut degré de chaleur. Les fritures à l'huile ne doivent jamais être
employées en pareil état.

Un feu vif est indispensable à toute friture bien
faite.

Plus un objet demande à rester de temps dans la
friture, moins elle doit être chaude au moment de
l'y mettre. Elle doit l'être assez cependant pour le
saisir, car les objets mis dans une friture qui n'est
pas assez chaude s'imprègnent de graisse et conservent un mauvais goût.

Une erreur assez répandue et qui prend sa source
dans ce qui précède, c'est de croire qu'il faut, en
certains cas, faire saisir d'abord en friture rouge,
puis retirer du feu et continuer à frire doucement.
Cette manière de faire, quoique assez usitée, est
très mauvaise. Les habiles parmi les pratriciens
s'accordent, au contraire, pour frire d'abord lentement et chauffer en progressant jusqu'au moment
où la friture est complète.

Toute friture doit être égouttée d'abord dans une
passoire, puis sur un linge sec.

HORS-D'ŒUVRE·

On appelle ainsi des mets qui se servent immédiatement après le potage et ornent la table jusqu'au moment où l'on sert le rôti.

Il est des hors-d'œuvre de deux sortes : les *hors-d'œuvre froids* et les *hors-d'œuvre chauds;* parmi les premiers, les plus en usage sont : les radis, le beurre, les cornichons, les olives, les fruits et légumes marinés, les achards, les anchois, les harengs salés et fumés, le thon, les sardines, les huîtres marinées, les concombres et les artichauts en salade, radis noirs, jambon, saucisson, les langues fourrées, les rillettes et rillons, etc.

Parmi les *hors-d'œuvre chauds* en usage dans les petits ménages, se trouvent boudins, saucisses, andouilles, petits pâtés, fritures, etc.

La disposition des hors-d'œuvre froids dans les bateaux où d'usage on les met, est tout à fait affaire de goût.

DU BOEUF

La chair du bœuf, cette base de la cuisine française, pour être dans les meilleures conditions, doit provenir d'un animal de quatre à six ans; alors le grain en est ouvert, elle est d'un rouge agréable et la graisse qui y adhère est absolument blanche.

Rarement la viande de bœuf est bonne quand la graisse est d'un jaune sombre.

On vend chez les bouchers des chairs de bœuf, de vache et de taureau. La chair de vache a le grain plus serré et le gras plus blanc que celle du bœuf, mais le maigre n'est pas d'un rouge aussi vif.

Le grain de la chair du taureau est encore plus serré, le gras en est dur, le maigre d'un rouge triste, et son odeur est forte et rance.

La chair de bœuf est le contraire de tout cela.

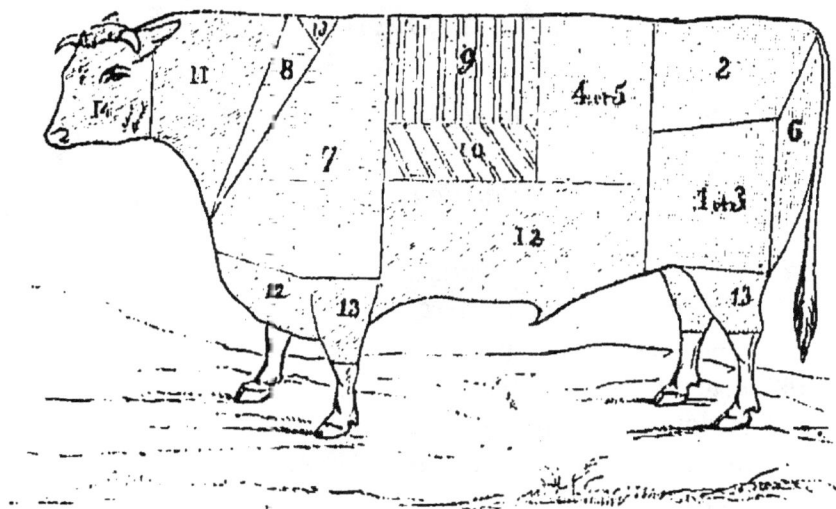

Coupe de boucherie du bœuf à Paris.

Lorsque le bœuf est abattu on enlève la peau, la tête, les pieds et les entrailles, et il reste ce que l'on nomme la viande de boucherie. On la partage par moitié et chaque moitié est divisée en morceaux, indiqués, d'après le syndicat de la boucherie de Paris, sur la figure ci-dessus, et désignés ainsi qu'il suit :

COUPE DU BOEUF A PARIS

PREMIÈRE QUALITÉ

1. Tende de tranches (*partie intérieure*).
2. Pointe de culotte.
3. Tranche grasse (*partie extérieure*).
4. Aloyau.
5. Filet (*partie intérieure*).
6. Gîte à la noix.

DEUXIÈME QUALITÉ

7. Paleron.
8. Talon de collier (*partie extérieure*).
9. Côtes.
10. Plates côtes, ou *Plat de côtes*.
11. Collier.
12. Pis de bœuf (*basse boucherie*).
13. Gîte, membre de derrière.
    — — de devant.
14. Tête ou joue.
15. Surlonge (*partie intérieure*).
16. Rognon de graisse (*partie intérieure.*)

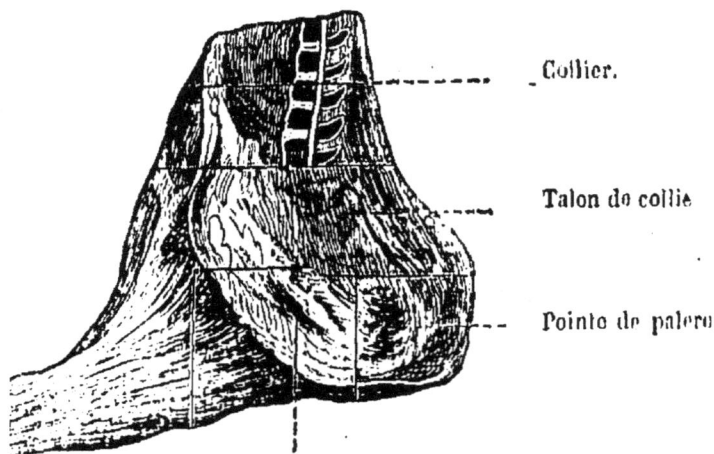

Collier.

Talon de collie

Pointe de palero

Macreuse.

Dissection du bœuf. — Une pièce de bœuf, *bouil-lie*, cuite *à la mode* ou *braisée*, doit être coupée par tranches prises en travers ; la viande se trouve ainsi être courte et facile à manger ; en coupant les tranches il faut, autant que possible, y laisser adhérer un peu de graisse.

L'élégance, et qui mieux est, la grande économie dans la dissection des viandes est de les découper très nettement, on n'y parvient qu'en découpant d'une main sûre et à l'aide d'un couteau parfaitement aiguisé.

Le bœuf rôti se découpe de la même manière que le bœuf bouilli, mais comme il est plus consistant les tranches peuvent en être plus minces.

PRÉPARATION DU BOEUF

Pièce de bœuf bouillie. — Le bouilli s'obtient tout en faisant du bouillon gras, et l'on peut, d'après un grand maître, procéder de la manière suivante.

Échauder la viande pour la bien laver, la mettre ensuite dans un pot de terre plein d'eau ; quand elle bouillira, ajouter un verre d'eau froide pour faire monter l'écume, l'enlever avec soin et y ajouter ensuite un bouquet ainsi composé : fendre une carotte par le milieu sur toute sa largeur, mettre entre les deux parties un poireau, une tige de céleri, un cœur de laitue, et quelques branches de cerfeuil, sur le tout ensemble ajouter un oignon piqué d'un ou deux clous de girofle, et un peu de petit salé ou de lard, ce qui ôte au bouillon le goût de viande fraîche, faire bouillir doucement et, s'il faut remplir le pot, ne mettre que de l'eau bouillante.

En employant du gite à la noix qui ne soit point mortifié on obtiendra à la fois un bon bouillon et une excellente pièce de bœuf.

Il est de bonne économie de toujours garnir le bouilli de légumes ou de l'accompagner d'une sauce, soit Robert, soit piquante, soit aux tomates.

Emploi du bouilli froid. — Si, au moment de sa sortie de la marmite, le bœuf bouilli a des amateurs nombreux, il n'en est pas de même quand il est froid; aussi s'est-il produit un foule de recettes pour rendre ces restes appétissants. Dans la plupart de ces recettes le bœuf bouilli n'est qu'un prétexte, et avec la dépense faite pour la préparation on aurait un mets tout neuf. Nous négligerons ici ces formules dispendieuses, et nous n'indiquerons que celles à l'aide desquelles on peut trouver profit à accommoder les restes.

Bouilli froid. — On le coupe en tranches minces dont on couvre des tartines de pain sur lesquelles est étendu du beurre mélangé de fines herbes, sel et poivre.

Bouilli en mironton. — Le couper en tranches minces et hacher menu persil, ciboules, cornichons avec sel et poivre. Dans un plat allant au feu et à fond beurré, faire une couche de tranches de bœuf sur laquelle on sème dru du hachis, remettre dessus de nouvelles tranches, également couvertes de hachis; mouiller de bon bouillon, mettre sur feu et laisser mijoter une demi-heure; on peut sans crainte ajouter un peu de beurre ou de dégraissage de pot-au-feu.

Si, après avoir saupoudré le bœuf de chapelure de pain, on le couvre d'un couvercle avec feu dessus on obtient un *mironton gratiné.*

Bouilli en persillade. — Procéder comme ci-dessus en ne composant le hachis que de persil et de champignons. On sert en même temps des pommes de terre en robe de chambre ou sautées au beurre; dans ce cas, au moment de servir, on en fait un cordon autour du plat.

Bouilli en quenelles. — Hacher le bœuf très fin avec des pommes de terre cuites sous la cendre; ajouter un peu de beurre ou de graisse, quelques œufs entiers, sel, poivre, etc.; pétrir le tout, en former des boulettes, les passer au beurre et servir avec une sauce piquante.

Bouilli en matelote. — Faire roussir dans le beurre des petits oignons; les saupoudrer avec une cuillerée à bouche de farine; remuer le tout; et ajouter un verre de vin rouge, un demi-verre de bouillon, quelques champignons, sel, poivre, laurier, thym; le tout étant lié, verser sur des tranches de bœuf, disposées sur un plat allant au feu; laisser mijoter une demi-heure et servir.

Bouilli à la purée d'oignons. — Diviser encore le bouilli en tranches minces, couper très fin des oignons en travers et les mettre à cuire à petit feu avec beurre ou graisse, dans une poêle ou une casserole; quand ils sont blonds, y mélanger une cuillerée de farine et mouiller d'eau ou, mieux, de bouillon. Laisser cuire, et quand la cuisson est complète, ajouter un filet de vinaigre et un peu de moutarde.

On dispose alors dans un plat allant au feu tranches de bœuf et purée d'oignons et on fait réchauffer pour servir.

Bouilli en bifteck. — Prendre de belles tranches de bouilli froid, le saler et poivrer vertement, les mettre sur le gril, les retourner, puis les servir sur un morceau de beurre avec sel, poivre, persil haché et un filet de vinaigre.

Bouilli à la poêle. — Procéder d'abord comme ci-dessus, passer les tranches de bœuf à la poêle au lieu de les mettre au gril, leur laisser prendre belle couleur des deux côtés, et les servir sur une purée de légumes secs ou de pommes de terre.

Bouilli au lard et aux pommes de terre. — Faire revenir du petit salé dans une casserole, y mêler eau et pommes de terre avec sel, poivre et bouquet gani; quand les pommes de terre sont cuites, ajouter le bœuf coupé en tranches ou morceaux, laisser chauffer et servir.

Enfin, on peut encore réchauffer le *bouilli* soit dans une sauce tomate, une sauce Robert, une sauce piquante ou une sauce à l'italienne. (*Voir les recettes.*)

Pièce de bœuf au choux. — C'est là une classique et magnifique pièce de résistance.

Mettre à cuire en pot-au-feu, sans l'y laisser

plus de cinq heures, une pointe de culotte de bœuf
et la servir bien égouttée, entourée de quartiers de
choux, séparés par des morceaux de petit lard et
des saucisses qui ont cuit ensemble dans une casserole avec bouillon, jus de viande, graisse de pot-
au-feu, etc.

Culotte ou côtes de bœuf braisées. — Foncer une
marmite avec des bardes de lard assaisonnées de
fines herbes, oignons, carottes, thym, laurier,
poivre, sel, muscade et fines épices; placer dessus
la pièce à braiser et la couvrir de bardes de lard
assaisonnées comme les premières et de façon à ce
que le vase soit bien rempli; couvrir et garnir de
pâte le tour du couvercle, pour qu'il bouche hermétiquement, et mettre à cuire avec feu dessus et
feu dessous, en ayant soin de le diminuer à mesure
que la cuisson avance. On s'assure qu'elle est complète avec une aiguille à larder qui doit sans effort
entrer dans la pièce de bœuf.

Le bœuf braisé se sert avec sa cuisson, ou une
garniture de tomates farcies ou autres légumes.

Le filet de bœuf braisé se prépare à peu près de
même. Avant de le mettre dans la braisière, on le
pique de fins lardons bien assaisonnés et on le
mouille avec une demi-bouteille de vin blanc sec,
et même quantité de bon bouillon. Après la cuisson
on passe le mouillement et on le fait réduire de
manière qu'il n'en reste qu'un verre ou deux, on
masque le filet avec. Il faut avoir soin de ne saler
la cuisson que très légèrement.

Pièce de bœuf froide. — C'est encore à un morceau de culotte qu'il faut en cette circonstance donner la préférence.

Après l'avoir piqué de toute part de lard et de jambon fortement assaisonnés, l'avoir fait mariner pendant deux heures dans un peu de bouillon assaisonné d'épices de toute sorte, l'entourer de bardes de lard, l'envelopper avec une serviette et la placer dans une marmite au fond de laquelle on aura mis une assiette retournée pour empêcher la serviette de brûler. Ajouter, en quantité proportionnelle à la grosseur de la pièce, du vin blanc et du verjus, si on en a, de la graisse de bœuf bien fraîche, épices, tranches de citron, persil et laurier; recouvrir la marmite et laisser cuire à petit feu.

Quand la pièce est cuite, elle doit refroidir dans la graisse avec laquelle la serviette l'empêche de communiquer. On la sert froide et on la découpe en tranches très minces : c'est là un mets de résistance qui pour les grandes occasions peut se préparer dans les ménages les plus modestes.

Bœuf à la mode. — Cette excellente entrée se fait soit d'une tranche de culotte de bœuf battue puis piquée de gros lardons assaisonnés, ou de morceaux de même provenance de la grosseur du poing et également piqués.

Tranches ou morceaux doivent être mis dans une terrine avec sel, poivre, bouquet garni, une pointe d'ail et placés sur un feu très doux pour les faire suer. Quand ils ont rendu leur jus, les couvrir de quelques couennes de lard, augmenter le feu et le maintenir égal pendant la cuisson.

Quand elle est presque terminée, ajouter un verre de bon vin rouge et laisser réduire ; servir avec le jus de cuisson passé au tamis.

Si le bœuf à la mode est destiné à être mangé froid, il faut remplacer le vin par un petit verre d'eau-de-vie et ajouter aux couennes de lard un peu de veau. En pareil cas les morceaux doivent être préférés à la tranche, car la gelée les enveloppe mieux.

Filet de bœuf rôti. — Le parer, le piquer de fins lardons assaisonnés et le faire mariner pendant douze heures dans de l'huile, avec sel, poivre, persil, laurier et tranches d'oignons ; le mettre en broche enveloppé d'un papier beurré et le cuire à feu vif ; un peu avant qu'il soit cuit, enlever le papier et le servir soit avec une sauce à part, faite du jus qu'il aura rendu, avec pointe de vinaigre, échalotes hachées, sel et poivre ; soit simplement sur son jus.

Filet de bœuf au vin de Madère. — Il se prépare comme le précédent ; seulement on ajoute à la sauce deux verres de vin de Madère ou d'autre vin blanc sec, un peu de mignonnette et on écrase avec soin les échalotes Passer et dégraisser la sauce pour le servir.

Aloyau de bœuf rôti. — Si on est beaucoup de monde, prendre un aloyau entier, le parer, le mettre en broche et l'y laisser le temps nécessaire à sa grosseur.

Il se doit manger un peu rouge, il est alors plus tendre et plus succulent.

Aloyau à la provençale. — Voici une vieille recette dont rarement on fait usage et qui n'en est pas moins bonne. Parer, puis piquer de jambon un aloyau et composer une farce de lard râpé, de moelle de bœuf, anchois, beurre, huile, fines herbes et ail, et le tout haché menu et assaisonné de bon goût. Étendre cette farce sur des bardes de lard, en envelopper complètement l'aloyau, le ficeler et le mettre en broche entouré d'un papier beurré que

Aloyau.

l'on enlève quand la cuisson est presque terminée, pour le laisser prendre couleur.

On sert avec une sauce piquante augmentée du jus de cuisson dégraissé et dans laquelle on aura exprimé un citron.

Le bœuf rôti froid a des mérites hors ligne ; cependant il en est beaucoup qui l'aiment réchauffé : voici plusieurs manières de procéder à cet effet, que le morceau de bœuf rôti soit filet ou faux-filet.

Filet de bœuf rôti aux croûtons. — Couper par tranches un restant de filet de bœuf ou d'aloyau rôti et les faire chauffer sans bouillir dans du jus de filet ou dans du bouillon bien réduit, puis dresser les tranches sur un plat en les alternant avec des croûtes de pain passées au beurre, et verser dans le milieu le jus dans lequel on aura fait dissoudre un morceau de beurre manié avec du persil et un jus de citron ou filet de vinaigre.

Filet ou aloyau rôti au céleri. — Choisissez de beau céleri et le faites blanchir, puis cuire dans du bon bouillon. Quand il est cuit, y ajouter des tranches bien minces d'un filet ou d'un aloyau rôti avec échalotes et jus de citron. On peut les accommoder de même avec des cardons, de la chicorée, des concombres, etc.

Aloyau rôti à la sauce anglaise. — Couper en tranches minces l'aloyau rôti, puis hacher des champignons, les passer au beurre, les mouiller de bouillon et faire cuire avec un bouquet garni et une pointe d'ail. Quand la sauce est cuite dégraisser, et ajouter câpres, anchois hachés, filet de vinaigre et y incorporer les tranches d'aloyau, les laisser chauffer sans bouillir et servir chaudement.

Cette sauce que rien ne lie doit être fort courte.

Les restes de filets et d'aloyau se servent également réchauffés dans une sauce piquante.

Côte de bœuf braisée garnie. — Les côtes de bœuf étant braisées, on peut les servir soit avec une garniture de concombres farcis au gras et masqués d'un bon jus, soit avec des laitues braisée, soit enfin sur une litière de macaroni.

Bifteck. — Les biftecks peuvent se faire, soit de filet, soit de contre-filet et aussi de morceaux pris à la pointe de la culotte de bœuf. Couper le bœuf par tranches de 6 centimètres d'épaisseur environ, aplatir un peu ces tranches ; les mettre sur le gril avec bon feu, après les avoir assaisonnées de sel et de poivre : les retourner plusieurs fois pendant qu'elles cuisent, les retirer et les dresser sur un plat légèrement chauffé, avec gros comme une noix de bon beurre sous chaque bifteck, puis les garnir de pommes de terre sautées au beurre.

Cet accommodement est préférable à toutes les autres manières de manger ce mets succulent; cependant on peut servir les biftecks à la maître d'hôtel, au beurre d'anchois, sautés au vin blanc, à la choucroute, aux cornichons, aux olives, et encore sur une litière de cresson vinaigré.

Filet de bœuf sauté. — C'est là un mets qui, dans les petits ménages, ne se prépare pas aussi fréquemment que les biftecks.

Couper des tranches de filet ou de faux-filet de bœuf; les placer sur un feu vif dans une poêle ou un plat à sauter, avec un peu de beurre, les retourner dès qu'il commencent à roussir, les laisser un instant de ce nouveau côté, puis les enlever momentanément de la casserole, ajouter un roux fait séparément, mouiller avec un peu de bon bouillon et du vin blanc, assaisonner de sel, poivre et persil haché, remettre les filets dans cette sauce, laisser cuire un instant, et servir.

On peut ajouter un peu d'échalote hachée, si on l'aime.

Culotte de bœuf braisé à la purée de tomates. — La ficeler et la mettre dans une braisière, avec une demi-bouteille de vin blanc, un peu d'eau-de-vie, un litre de bouillon, 100 grammes d'oignons, dont un piqué de trois clous de girofle, même quantité de carottes, un bouquet composé de laurier, thym, persil, sel et gros poivre; faire bouillir et écumer et cuire ensuite, soit au four, soit feu dessus et dessous, en ayant le soin de l'arrêter toutes les demi-heures.

La pièce de bœuf étant cuite, on passe le fond de casserole, on le dégraisse et on le fait réduire à deux décilitres que l'on mélange à la purée de tomates, on met cette sauce sur le feu pendant dix minutes en tournant toujours pour empêcher qu'elle ne s'attache, puis on sert le bœuf sur un plat et la purée à part; le morceau de culotte est censé peser 2 kilog. 500.

Noix de bœuf dans la glace. — La noix de bœuf étant une viande sèche, il faut veiller à ce qu'elle soit bien couverte de graisse. La piquer avec de gros lardons de lard; la mettre dans une terrine avec carottes, oignons, bouquet garni, poivre et fines épices; mouiller avec du vin blanc et un verre d'eau-de-vie; couvrir et faire cuire à petit feu; quand elle est cuite, passer et clarifier le fond de cuisson, faire mijoter, et quand la noix est bien glacée, la servir avec le fond réduit de moitié.

Aloyau à la Godard. — Cette magnifique préparation se peut également faire dans les ménages. Parer un bel aloyau, le larder de lard épicé, et le ficeler avec soin en lui donnant une forme régulière; le mettre dans une braisière avec des carottes, un bouquet de fines herbes, des oignons, de bon bouillon, du vin blanc sec, du poivre, du sel, et l'y faire cuire à petit feu. Quand l'aloyau est cuit à point, passer les résidus, les dégraisser, les mettre dans une casserole avec du jus de viande, des ris de veau coupés en tranche, des morceaux de fonds d'artichaut, des champignons, des œufs frits; puis poser l'aloyau sur cette sauce, et servir.

Langue de bœuf à l'écarlate. — Après avoir enlevé le cornet d'une langue de bœuf, la griller sur de la braise ardente afin de pouvoir la débarrasser de sa peau. Quand cette opération est terminée, la frotter avec du poivre et un peu de salpêtre et la placer dans un vase clos, entourée de sel blanc, de quelques clous de girofle, thym, laurier. Au bout de vingt-quatre heures, la frotter de nouveau avec du sel et en ajouter chaque jour à mesure qu'il fond. Laisser ainsi la langue pendant douze à quinze jours en ayant soin de la retourner souvent. Après ce temps, la faire cuire, ou la faire sécher trois jours à la cheminée, fourrée dans un boyau.

Pour la cuire, la mettre à dégorger pendant deux heures; puis la placer dans une marmite pleine d'eau avec oignons, clous de girofle, thym, laurier; après qu'elle est cuite, la laisser refroidir dans sa cuisson, l'égoutter et la servir.

Langue de bœuf braisée. — Après l'avoir fait dégorger, blanchir et rafraîchir, la parer et la piquer avec des lardons assaisonnés; la mettre ensuite à cuire dans une casserole à petit feu pendant quatre ou cinq heures, avec bardes de lard, tranches de veau ou de bœuf, carottes, oignons, thym, laurier, clou de girofle. Au moment de servir, la parer, la dépouiller et la fendre par le milieu dans sa longueur, de manière à lui donner, sur le plat, la forme d'un cœur; l'accompagner d'une sauce piquante.

Langue de bœuf au gratin. — La langue ayant subi les préparations indiquées, la cuire à la braise, puis enlever la peau, la laisser refroidir et la couper par tranches. Hacher du persil, de la ciboule, quelques échalotes, un peu d'estragon, des câpres et un anchois; tremper de la mie de pain mollet dans du bouillon, mettre le tout dans un mortier et piler en ajoutant un peu de beurre. Ensuite, garnir le fond d'un plat allant au feu avec la moitié de cette farce; verser sur le tout un peu de beurre fondu et de bouillon, placer le plat sur un feu doux, le couvrir d'un four de campagne, et quand le tout a pris couleur, servir.

Langue de bœuf en papillote. — Après avoir fait braiser une langue, la couper par morceaux de même forme, mettre dessus des fines herbes, envelopper chaque morceau dans un papier huilé après avoir eu le soin de le couvrir sur chaque face d'une barde de lard; plier et serrer le papier afin que le jus ne puisse s'échapper, mettre ces papillotes quelques minutes sur le gril et servir.

Queue de bœuf en hochepot. — Après avoir coupé
en morceaux une queue de bœuf et l'avoir fait blanchir dans l'eau salée, la mettre à cuire dans une
marmite ou dans une casserole avec chou, carottes, navets, panais, oignons, également blanchis, quelques morceaux de lard et quelques tranches de cervelas; mouiller avec du bouillon et
laisser bouillir doucement pendant quatre ou cinq
heures. Faire égoutter le tout et dresser séparément
la viande et les légumes, puis, verser dessus la
cuisson après l'avoir fait réduire.

Trois queues de bœuf font un plat suffisant pour
un dîner de famille.

Queue de bœuf à la Sainte-Menehould. — Faire
cuire une queue de bœuf comme la queue de bœuf
en hochepot; l'assaisonner ensuite de sel et de
gros poivre; la paner deux fois après l'avoir trempée dans du beurre tiède, la mettre au four ou sur
le gril.

On sert ce mets soit sur des choux rouges, soit
sur une purée de pois verts ou d'un autre légume
farineux, soit sur une purée d'oignons blancs, soit,
enfin, sur une sauce piquante.

Palais de bœuf. — On le fait d'abord dégorger,
puis blanchir, afin de pouvoir en enlever la peau;
quand il est bien apprêté, on le met à cuire pendant
quatre à cinq heures dans un *blanc.*

Palais de bœuf à l'allemande. — Après avoir
fait réduire du bouillon, couper en losanges du
palais de bœuf, le faire chauffer dans cette réduc-

tion et au moment de servir lier avec des jaunes d'œufs.

Palais de bœuf à la lyonnaise. — Les palais étant cuits, les couper par morceaux, les mettre dans une purée d'oignons, laisser mijoter et servir.

On mange encore les palais de bœuf au *gratin, grillés, marinés, en coquilles, en crépinettes,* etc.

Croquettes de palais de bœuf. — Couper en deux, dans leur longueur, des palais de bœuf préalablement cuits et les mettre à mijoter pendant une demi-heure sur un petit feu avec du bouillon, une gousse d'ail, deux clous de girofle, thym, laurier, sel et poivre; les égoutter ensuite et les laisser refroidir; mettre sur chaque morceau un peu de farce de viande assaisonnée de haut goût; rouler les palais, les tremper dans une pâte de farine délayée avec une cuillerée d'huile d'olive, un verre de bon vin blanc et du sel fin. Il faut que la pâte file, lorsqu'on la verse avec la cuillère, sans cependant être trop claire; mettre à frire et servir les les palais frits garnis de persil.

Cervelle de bœuf. — Quoique moins délicate que la cervelle de veau, la cervelle de bœuf s'emploie dans l'alimentation; les pâtissiers en font grand usage pour garnir les vol-au-vent. Voici sa préparation :

Après avoir débarrassé la cervelle de toutes les fibres qui l'enveloppent, l'avoir lavée à plusieurs eaux et laissée dégorger, la mettre à cuire dans de l'eau acidulée de vinaigre, avec sel et poivre, et quand elle est cuite, la laisser dans sa cuisson pour s'en servir au besoin.

La cervelle de bœuf se mange *frite*, *à la poulette* et surtout *en matelote*.

Rognon de bœuf sauté. — Couper en petits morceaux un rognon de bœuf en ayant le soin d'en extraire la graisse, les faire sauter au beurre ; dès qu'ils sont roides, les saupoudrer de farine, les laisser revenir un peu et mouiller de bouillon et de vin rouge avec addition d'échalotes et de force persil hachés. Éviter que rien ne s'attache et servir vivement.

Cœur de bœuf à la mode. — Fendre en deux, sans séparer les morceaux, un beau cœur de bœuf, le laver avec soin, l'essuyer, le piquer avec de fins lardons et le traiter ensuite comme du bœuf à la mode.

Yeux de bœuf à la sauce piquante. — Les parer de leur noir, les faire tremper dans de l'eau tiède, et blanchir ensuite à l'eau bouillante ; les cuire avec bouillon, bardes de lard, tranches de citron sans la peau, un bouquet de persil, ciboules, ail, clous de girofle, thym, laurier, sel, gros poivre. Quand ils sont cuits à petit feu, les dresser dans un plat, et les servir masqués d'une sauce piquante.

DU VEAU

La chair de veau n'est vraiment nourrissante que lorsque l'animal est âgé pour le moins de deux mois et demi. Le veau de Pontoise dit *veau de rivière* est d'une admirable supériorité.

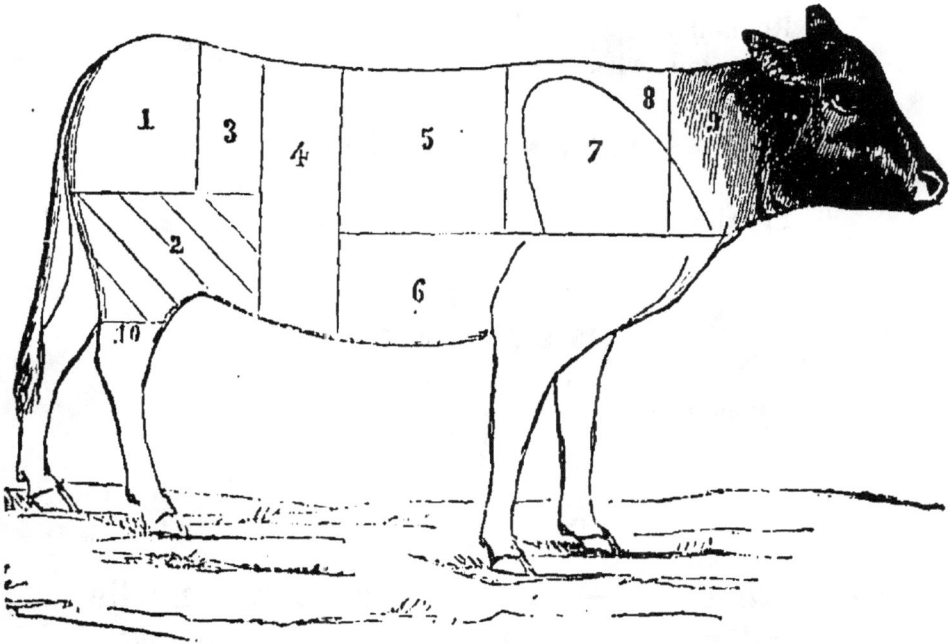

Coupe de boucherie du veau à Paris.

On distingue dans le veau le cuisseau, la noix, le filet, le rognon, les côtelettes couvertes et découvertes et enfin le collier. Les morceaux les plus distingés sont le filet, le rognon et la longe; viennent ensuite la noix et les côtelettes.

La figure ci-dessus indique la place de ces divers morceaux.

COUPE DU VEAU A PARIS.

PREMIÈRE QUALITÉ

Nᵒˢ 1. Cul de veau.
2. Rouelle.
3. Entre-deux.
4. Rognons.
5. Côtes couvertes.

DEUXIÈME QUALITÉ

6. Poitrine.
7. Épaule.

TROISIÈME QUALITÉ

8. Basses côtes.
9. Collet.
10. Jarrets.

Choix du veau. — La rouelle du veau femelle est généralement préférée à celle du veau mâle. Les yeux paraissent renflés quand la tête est fraîche, mais enfoncés et ridée quand elle ne l'est pas. Dans l'épaule, si les veines ne sont pas d'un rouge brillant, la viande n'est pas fraîche; et s'il y a des taches vertes ou jaunes, le veau est très mauvais. Le col et la poitrine, pour être bons, doivent être blancs et secs; s'ils sont visqueux, verdâtres ou jaunes en dessus, ils ne valent absolument rien. Dans la longe, le rognon est sujet à être promptement gâté; et s'il est vieux, il sera mou et vis-

queux. La cuisse est bonne quand elle est blanche
et ferme; elle ne vaut rien si elle est molle.

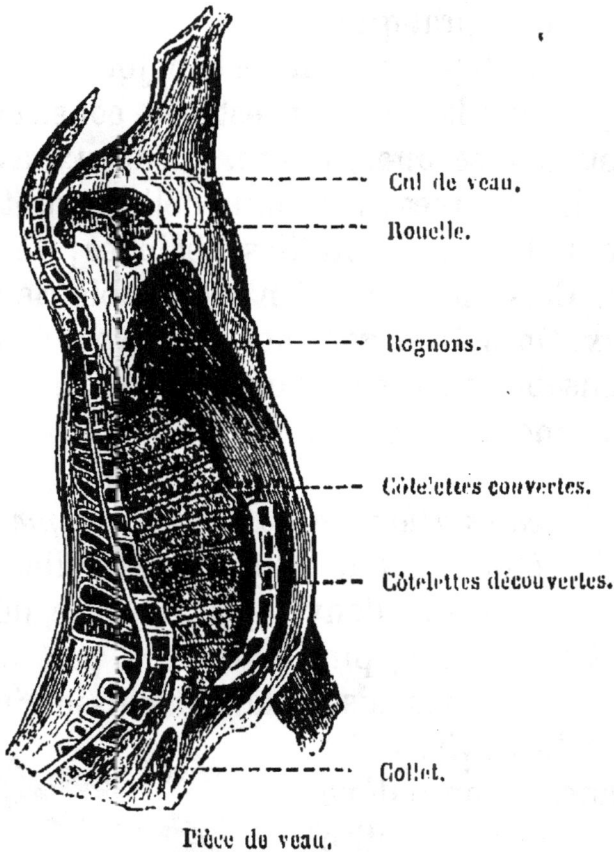

—————— Cul de veau.

—————— Rouelle.

—————— Rognons.

—————— Côtelettes couvertes.

—————— Côtelettes découvertes.

—————— Collet.

Pièce de veau.

Dissection. — A table on ne découpe guère du
veau que la tête et le carré. La manière de couper
les autres parties est indiquée par la position dans
laquelle elles sont dressées.

Pour découper le carré de veau, lever le filet et
le rognon qui adhèrent aux côtes; les séparer en
morceaux d'égale grosseur; isoler les côtelettes en
les coupant perpendiculairement. Si elles sont trop
fortes, on lève entre deux une entre-côte. Ou bien
encore, séparer les côtelettes sans avoir levé le ro-

gnon et le filet; mais, dans ce cas, une portion de
ces deux parties reste adhérente à ces côtelettes.
La première manière vaut mieux, et elle est la plus
généralement pratiquée.

Comme la tête de veau est toujours servie désossée, et que la chair en est peu consistante, on
la découpe avec une cuillère, ou mieux, avec une
truelle. Les morceaux les plus délicats sont classés
comme suit : yeux, oreilles, bajoues, tempes et
langue. Classification qui n'a toutefois rien de ri-
goureux. On suit le goût des convives; mais il est
indispensable qu'une portion de cervelle soit jointe
à chaque morceau servi.

Tête de veau nature, sauce pauvre homme. — Désosser la tête de veau, retirer la cervelle, ôter la
pellicule rouge qui l'enveloppe, la faire dégorger
pendant une heure, puis la cuire à part dans de
l'eau acidulée, et la laisser dans la cuisson jusqu'au
moment de servir. — La
tête blanchie, on enlève
la langue, dont on retire
le cornet, et on la met à
rafraîchir; puis, on coupe
la tête en quatre mor-
ceaux, que l'on place
dans une casserole assez

Tête de veau.

grande pour qu'ils ne la remplissent qu'aux deux
tiers. On met alors dans une autre casserole 250
grammes de graisse de bœuf hachée, 50 grammes
de persil, 25 grammes de thym, 25 grammes de
laurier, réunis en un bouquet, 100 grammes d'oi-

gnons et 25 grammes de carottes coupées en rouelles, et on passe le tout à blanc avec 60 grammes de farine, quatre litres d'eau, sel, gros poivre et deux décilitres de vinaigre; quand cette cuisson bout, on la jette dans la casserole où sont les morceaux de tête, auxquels on ajoute la langue. Après deux heures et demie, on retire les morceaux de la casserole, on les égoutte, et on les dresse sur un plat ovale de la manière suivante :

Après avoir garni le fond du plat avec des torchons ou des feuilles de salade, et recouvert cette garniture avec une serviette ployée, mettre les deux morceaux à oreilles à chaque extrémité, les deux autres dans les côtés, la langue fendue en long sur le milieu et la cervelle bien égouttée par-dessus. Orner la cervelle et les coins de bouquets de persil, et servir.

Tête de veau en tortue. — Prendre les restes d'une tête de veau cuite de la veille, avoir des champignons, des crêtes, des ris de veau, les passer au beurre et les additionner d'un peu de farine, mouiller avec du bouillon réduit et du vin blanc, assaisonner de poivre, de sel et de piment; laisser mijoter sur le feu, ajouter des quenelles, des cornichons, des jaunes d'œufs durs entiers et les blancs coupés par moitié. Lorsque la sauce est suffisamment réduite et liée, incorporer les morceaux de tête et tenir chaudement sans laisser bouillir.

Noix de veau à la bourgeoise. — Battre entre deux linges, avec le plat d'un couperet une belle noix de veau, la piquer de lard assaisonné, en ayant soin de ne pas endommager la panoufle. Beurrer une casserole et la foncer de lard et de parures de veau ; y placer la noix avec un verre de consommé, un bouquet de persil et de ciboules, quelques oignons et quelques carottes ; placer sur le tout un rond de fort papier beurré ; faire partir à feu vif, puis couvrir la casserole et y maintenir feu dessus, feu dessous ; laisser cuire pendant deux heures environ, selon la grosseur de la noix ; quand elle est cuite, l'égoutter, passer son fond de cuisson ; le faire réduire et quand il est tombé à glace, ajouter un petit roux mouillé avec du vin blanc et autant de bon bouillon ; détacher avec soin la sauce de la casserole, la dégraisser et la lier avec du beurre ; cette sauce se verse sur la noix.

Noix de veau à la chicorée. — Ciseler en long et en large, à un centimètre de profondeur, la panoufle d'une belle noix de veau ; la parer du côté opposé, de manière qu'il soit lisse, et la piquer de ce côté avec du lard fin assaisonné. Placer la noix dans une casserole à glace, avec quelques carottes, quelques oignons, un bouquet de persil assaisonné, un peu de bouillon, et faire suer jusqu'à ce que le fond de la casserole soit coloré, mouiller de nouveau avec un peu d'eau et de bouillon, et laisser cuire à très petit feu, trois quarts d'heure par 500 grammes de viande, feu dessus et dessous ou au four. Lorsque la noix est aux trois quarts cuite, retirer oignons, carottes et bouquet, qui, ayant alors donné toute leur essence, absorberaient celle de la viande. Forcer le feu en dessus et arroser avec le fond jusqu'à ce que la noix de veau soit de belle glace. Cela demande une demi-heure. Dégraisser alors le jus avec soin et passer au tamis.

Pour servir, placer au fond d'un plat de la chicorée préparée en purée, mettre dessus la noix de veau et arroser le tout avec le jus.

Poitrine de veau aux petits pois. — Couper par morceaux une poitrine et, après l'avoir blanchie, la faire revenir dans le beurre; mettre de la farine et la remuer, mouiller avec du bouillon; ajouter bouquet garni et poivre. Calculer le temps qu'il faut pour faire bien cuire les pois, les mettre de manière qu'ils se trouvent à point en même temps que la viande; additionner d'un peu de sucre et de sarriette; puis lier avec des jaunes d'œufs, et servir.

Ragoût de veau à la bourgeoise. — Mettre dans une casserole un morceau de beurre et de la farine, et faire roussir si on veut un ragoût brun; si c'est un ragoût blanc qu'on doive lier avec des jaunes d'œufs, ne pas laisser le roux se colorer. Dans le roux, mettre la viande; la retourner jusqu'à ce qu'elle soit bien ferme; mouiller avec de l'eau chaude ou, mieux, avec du bouillon; ajouter sel, poivre, thym, laurier et laisser bouillir pendant une heure; on joint à ce ragoût des oignons, des champignons, des morilles, des petites carottes tournées, des pois, etc.

Fricandeau. — Piquer une belle noix de veau; d'un côté avec de gros lardons, et de l'autre avec

du lard fin. Mettre dans une casserole des parures
de viandes et de lard; ajouter oignons, carottes,
bouquet garni, clou de girofle, placer le veau par-
dessus; mouiller avec du bouillon et laisser cuire
pendant deux ou trois heures, ayant soin d'arroser
de temps en temps le veau avec le fond de cuisson.
Lorsque le fricandeau est cuit, le retirer et le déposer sur un plat; passer le mouillement au tamis,
après l'avoir dégraissé, le mettre dans une casserole sur le feu, et l'y laisser réduire jusqu'à l'état
de glace; mettre alors le fricandeau du côté du lard
fin, pour le glacer, et quand il a pris une belle couleur le retirer. A l'aide d'un peu de bon bouillon,
détacher la glace qui se trouve dans la casserole et
servir le fricandeau masqué de cette sauce.

Côtelettes de veau en papillotes. — Les belles
côtelettes de veau sont les premières après les
fausses côtes; les parer, les assaisonner et les faire
revenir dans le beurre, en y ajoutant parties égales
de persil, ciboules et champignons hachés, un peu
de lard râpé, sel, poivre, fines épices, laisser cuire
tout doucement les côtelettes; quand elles sont
cuites, les retirer et laisser refroidir. Dans le ragoût
additionner alors des fines herbes, une quantité
suffisante de roux mouillé de bon bouillon, faire
réduire, lier avec des jaunes d'œufs et laisser cette
sauce refroidir à son tour. Prendre des feuilles de
papier blanc, leur donner la forme d'un petit cerf-
volant, les huiler des deux côtés; poser dessus une
barde mince de lard; déposer sur ce lard une demi-
cuillerée à bouche de la sauce refroidie; y poser la

côtelette; mettre dessus une seconde demi-cuillerée de la même sauce, par-dessus une nouvelle barde mince de lard, et enfin un second papier; fermer la papillote et ficeler l'extrémité, du côté du haut de la côte, répéter l'opération pour chacune des côtelettes et leur faire prendre couleur sur le gril; quand elles sont à point, les retirer, ôter la ficelle et servir.

Longe de veau rôtie. — Avoir une belle longe de veau de Pontoise, la parer et l'assujettir à la broche au moyen de hâtelets, l'envelopper de feuilles de papier beurré, et, au bout de trois heures environ de cuisson, la servir sur son jus.

Carré de veau à la broche aux fines herbes. — Parer proprement et larder de lard fin tout le filet d'un carré de veau; le mariner trois heures dans une terrine avec persil, ciboules, fenouil, champignons, une feuille de laurier, thym, échalotes, le tout haché très fin, sel, gros poivre, muscade râpée et un peu d'huile. Quand le veau aura pris goût, le mettre à la broche avec tout son assaisonnement par-dessus; l'envelopper de deux fortes feuilles de papier beurré, et ficeler de manière que les herbes ne puissent sortir. La cuisson faite, ôter le papier; enlever toutes les fines herbes et la viande qui s'y sont attachées et les mettre dans une casserole avec un peu de jus, deux cuillerées de verjus, un peu de beurre manié avec une pincée de farine, sel, gros poivre; lier sur le feu pour servir sous le carré de veau dont on aura frotté le dessus avec un peu de beurre fondu et un jaune d'œuf mêlés ensemble, et pané de mie de pain, après lui avoir fait prendre une belle couleur.

Blanquette de veau. — Elle se fait généralement avec du maigre d'un rôti de veau de desserte; cou-per cette chair par tranches minces, etc.; faire un roux blanc, mouiller avec du bouillon, laisser ré-duire puis chauffer dedans les émincés de veau, lier la sauce avec des jaunes d'œufs et un petit morceau de bon beurre en y ajoutant un peu de jus de citron ou de verjus, du persil et des ciboules hachés, et servir.

On peut, si l'on veut, servir cette blanquette dans un vol-au-vent.

Côtelettes de veau panées et grillées. — Choisir de belles premières côtelettes, et, après les avoir parées, aplaties et salées, les tremper dans du beurre tiède et les paner pour les mettre sur le gril; les retourner et les arroser souvent avec un peu de beurre tiède; quand elles sont cuites et d'une belle couleur, les dresser et les saucer soit avec un bon jus, une poivrade acidulée de jus de citron, une sauce au pauvre homme, etc.

Côtelettes de veau à la Singarat. — Les ap-prêter d'abord comme les *côtelettes panées et gril-lées.* Couper ensuite en lardons, de la langue à l'écarlate; faire tiédir un peu de lard râpé, sauter dans ce lard les lardons de langue; les assaisonner de poivre fin et d'un peu de muscade râpée; laisser refroidir les lardons, s'en servir pour piquer les côtelettes d'outre en outre, et les faire ensuite roi-

dir dans du beurre; foncer alors la casserole des
parures des côtelettes, de bardes de lard et de
quelques tranches de jambon; ajouter un peu de
persil; poser sur le tout les côtelettes; les couvrir
de bardes de lard, de quelques oignons et de quelques carottes coupées en tranches; mouiller avec
du bouillon : faire aller à feu doux, dessus et dessous, pendant environ deux heures; et quand les
côtelettes sont cuites, les égoutter, les glacer et
passer le mouillement au tamis de soie, enfin le
réduire, dresser les côtelettes sur un plat et les
servir masquées de cette sauce.

Tendrons ou poitrine de veau au blanc. — Foncer une casserole de bardes de lard et de parures
de veau; poser dessus des tendrons préalablement
parés, dégorgés, blanchis, refroidis; saupoudrer
d'un peu de farine; ajouter un bouquet assaisonné,
quelques carottes, autant d'oignons, des tranches
de citron; mouiller le ragoût avec du bouillon ou
de l'eau; faire bouillir à feu modéré, et terminer en
liant la sauce avec des jaunes d'œufs.

Tendrons de veau en mayonnaise. — Couper
des tendrons d'une égale grosseur, les faire blanchir et cuire, les placer sur un sautoir avec leur
cuisson bien réduite; les laisser refroidir dedans;
les dresser en cordon autour d'un plat froid, et
verser dessus une sauce mayonnaise froide; quand
ils seront arrangés, mettre autour une bordure de
petits oignons blanchis et cuits dans du bouillon, et
des cornichons coupés en boules.

Foie de veau sauté. — Couper le foie en tranches de peu d'épaisseur; les assaisonner de sel, de poivre et les passer dans de la farine.

Mettre du beurre dans une poêle ou un plat à sauter; le faire chauffer et y placer les tranches de foie; dès qu'elles sont roides, les retourner pour les faire roidir de l'autre côté, les retirer ensuite du feu, et les tenir chaudement.

Ajouter au beurre qui est dans la poêle, farine, échalotes hachées, persil et champignons, et mouiller avec bouillon et vin blanc; laisser réduire, puis réchauffer dans cette sauce les tranches de foie; les dresser et les masquer avec.

Foie de veau à l'italienne. — Couper le foie en tranches de peu d'épaisseur; mettre dans une casserole de l'huile fine, du lard fondu, du vin blanc, et faire un lit avec du persil, des ciboules, des champignons hachés assaisonnés de sel et gros poivre; mettre par-dessus une couche de tranches de foie, puis encore une couche semblable à la première, et ainsi de suite jusqu'à la fin; couvrir le tout de bardes de lard et faire cuire à feu doux. Servir soit avec une sauce italienne, soit avec le jus de cuisson réduit et dégraissé.

Foie de veau rôti. — On choisit un beau foie gras et blond; on le pique de gros lardons assaisonnés avec une pointe d'ail, des fines herbes et des épices; on l'enveloppe de panne de porc, on le fait rôtir à feu doux et on le sert sur son jus dégraissé dans lequel on ajoute du jus de citron ou du verjus.

On peut encore, après l'avoir fait rôtir à nu, le

servir avec une sauce piquante dans laquelle on mettra des câpres ou des cornichons hachés.

Langue de veau. — La langue de veau s'apprête de la même façon et aux mêmes sauces que la langue de bœuf.

Langue de veau à l'étuvée. — Après avoir fait dégorger, blanchir et rafraîchir la langue, on la pique de lard fin assaisonné d'épices et de fines herbes; on la met dans une casserole avec un bouquet garni, deux carottes, deux oignons, trois clous de girofle; on mouille avec du bouillon et on la fait cuire à petit feu pendant quatre heures, puis on la dépouille et on la sert sur une sauce piquante, une ravigote ou une sauce poivrade.

Pieds de veau à la poulette. — Désossés, cuits et coupés par morceaux, on les met dans une casserole avec du beurre saupoudrés de farine, on mouille avec du bouillon ou de l'eau, on ajoute du poivre, du sel, un bouquet, des petits oignons, des champignons; après la cuisson on lie la sauce avec des jaunes d'œufs et un filet de vinaigre.

Pieds de veau au naturel. — Nettoyés et blanchis, on les fend pour les désosser; on les fait cuire dans le pot-au-feu; quand ils sont cuits, on les sert avec une sauce composée de bouillon, de poivre, de sel, de fines herbes et d'un filet de vinaigre.

Pieds de veau frits. — Cuits à points on les coupe par morceaux ou en lames de moyenne

grosseur; on les met dans une marinade au vinaigre; on les égoutte; on les trempe dans une
pâte additionnée d'un peu d'eau-de-vie; on les fait
frire et on les sert entourés de persil.

Ris de veau à la poulette. — Les ris étant
blanchis, rafraîchis et égouttés, les placer dans
une casserole avec un morceau de beurre; saupoudrer de farine; remuer et mouiller avec un peu
d'eau; ajouter sel et poivre, un bouquet de persil:
laisser cuire doucement, et, au moment de servir,
ajouter des petits oignons et des champignons cuits
à part; lier la sauce avec des jaunes d'œufs et filet
de vinaigre.

Ris de veau en hâtelets. — Les ris étant bien
dégorgés, blanchis, etc., les couper par morceaux
carrés; les cuire dans une sauce allemande et les
laisser refroidir dans la même sauce; on aura fait
cuire et refroidir dans une sauce semblable et en
même temps, des carrés de tétine de veau de
mêmes dimensions que les carrés de ris de veau;
embrocher le tout avec un hâtelet en ayant soin
d'alterner les ris et la tétine; quand le hâtelet ou
les hâtelets sont garnis, remettre de la sauce aux
endroits où il en manquera; paner une première
fois avec de la mie de pain bien fine : tremper le
tout dans des œufs battus et assaisonnés en omelette; paner une seconde fois; faire griller à feu
doux et dresser les hâtelets sur une sauce aux
tomates.

Ris de veau en fricandeau. — Après les avoir

fait dégorger, blanchir et en avoir enlevé le cornet, piquer les ris de veau avec du lard fin et bien assaisonné ; les cuire dans une bonne braise, et, au bout de trois quarts d'heure, les retirer, passer et faire réduire le fond de cuisson ; ajouter un peu de sucre en poudre ; glacer dedans les ris du côté du lard et servir sur une purée d'oseille, de tomates, de marrons, de champignons, ou encore sur un ragoût de concombres, d'épinards, ou de chicorée.

Ris de veau en papillotes. — Après les avoir blanchis, préparés et fait cuire dans bonne braise, les égoutter, les mettre sur un plat ; verser dessus une sauce à la Duxelles et laisser refroidir le tout ; couper des tranches minces de jambon ; placer chaque ris, bien enveloppé de sauce, entre deux de ces tranches ; huiler des feuilles de papier ; faire les papillotes et s'arranger pour que rien ne puisse s'en échapper ; mettre sur le gril, et, quand elles sont de belle couleur, servir.

Ris de veau frits. — Après les avoir parés et blanchis, les mettre dans une marinade faite de bouillon, de beurre tiède, de fines herbes, ciboules et échalotes hachées, de jus de citron, de sel et de poivre ; les faire ensuite égoutter ; les tremper dans de la pâte, les frire de belle couleur et les servir avec une garniture de persil également frit.

Oreilles de veau aux champignons. — Après les avoir fait cuire au naturel, les sauter dans du beurre avec des champignons ; mouiller avec moitié consommé et moitié bouillon, faire réduire et lier cette sauce au moyen de jaunes d'œufs. Dresser et masquer avec la sauce.

Oreilles de veau à l'italienne. — Après avoir fait dégorger les oreilles de veau, les avoir épluchées et échaudées, mettre dans le fond d'une casserole des bardes de lard; poser les oreilles dessus, puis les recouvrir de nouvelles bardes de lard; mouiller avec du vin blanc et du bouillon; ajouter des tranches de citron débarrassées de l'écorce et des pepins, quelques racines, un bouquet garni, du sel, du poivre, et faire cuire à feu doux. La cuisson terminée, retirer et laisser égoutter les oreilles.

Composer alors une farce avec de la mie de pain, du lait, du fromage de Parme ou de Gruyère râpé; mettre ce mélange sur le feu, laisser réduire jusqu'à ce qu'il soit de consistance suffisante et le lier avec un peu de beurre et quatre jaunes d'œufs. Remplir les oreilles avec cette farce; les tremper dans du beurre tiède, les paner avec un mélange de mie de pain et de fromage râpé; les placer sous un four de campagne, et, quand elles sont de belle couleur, les servir accompagnées d'une sauce italienne.

Oreilles de veau aux champignons. — Après les avoir fait cuire comme les précédentes, sauter des champignons dans le beurre; faire un roux, mouiller avec du bouillon, laisser réduire, ajouter les champignons, et lier au moyen de jaunes d'œufs. Dresser alors les oreilles sur un plat, et verser la sauce par-dessus.

Oreilles de veau en marinade. — Après les avoir fait cuire comme il est indiqué ci-dessus, les couper en morceaux et les mettre dans une marinade pendant quelques heures en les retournant de temps en temps, puis les tremper dans de la pâte à friture, les frire de belle couleur, et les servir avec une garniture de persil frit.

Cervelles de veau. — A l'article *Tête de veau nature*, il a été dit comment on doit cuire les cervelles de veau que l'on peut servir frites, à la poulette, à la purée de céleri, à la purée de lentilles, et aussi en mayonnaise et en matelote.

Fraise de veau. — On donne ce nom, dans le veau, au mésentère et aux boyaux.

On mange la fraise de veau au gros sel, en friture, à la rémoulade et au gratin, légèrement assaisonnée de poivre de Cayenne et de jus de citron. Ce mets n'est bon que très chaud.

La fraise de veau sert surtout à faire les andouilles d'Amiens.

Mou de veau à la poulette. — Couper un mou de veau en morceaux carrés de grosseur moyenne, les faire dégorger à l'eau tiède, puis blanchir à l'eau bouillante pendant quelques temps ; rafraîchir et égoutter ; mettre ensuite dans une casserole un morceau de beurre ; lorsqu'il est fondu, y placer le mou de veau, et remuer avec une cuiller de bois, pour qu'il ne s'attache pas ; lorsqu'il est revenu, ajouter de la farine, et bien mêler le tout ; mouiller ensuite avec du bouillon, ajouter un bouquet garni, des champignons, du sel, puis des petits oignons. Quand le mou est cuit, dégraisser la sauce, et la finir avec une liaison de trois jaunes d'œufs et un filet de vinaigre.

Mou de veau au roux. — Après l'avoir préparé comme il vient d'être dit, le passer dans un roux, mouiller avec du bouillon, ajouter sel, poivre, champignons, petits oignons. Quand le mou est cuit, dégraisser la sauce, et, si elle n'a pas assez de couleur, ajouter un peu de caramel.

Rognons de veau sautés. — Après avoir enlevé la peau, la graisse, etc., à des rognons de veau, les émincer et les mettre sur un plat à sauter avec beurre, champignons cuits, échalotes et persil haché, sel, poivre, muscade; les sauter, ajouter un peu de farine, et les mouiller avec du vin blanc. Quand tout est cuit, lier avec un peu de beurre fin, et aciduler légèrement avec du jus de citron.

Les rognons de veau se mangent encore cuits à la broche, grillés, etc. Le plus souvent on les emploie comme garniture dans des tourtes, des ragoûts, des omelettes, etc.

DU MOUTON

Le mouton est la viande de boucherie dont le choix exige le plus de soin.

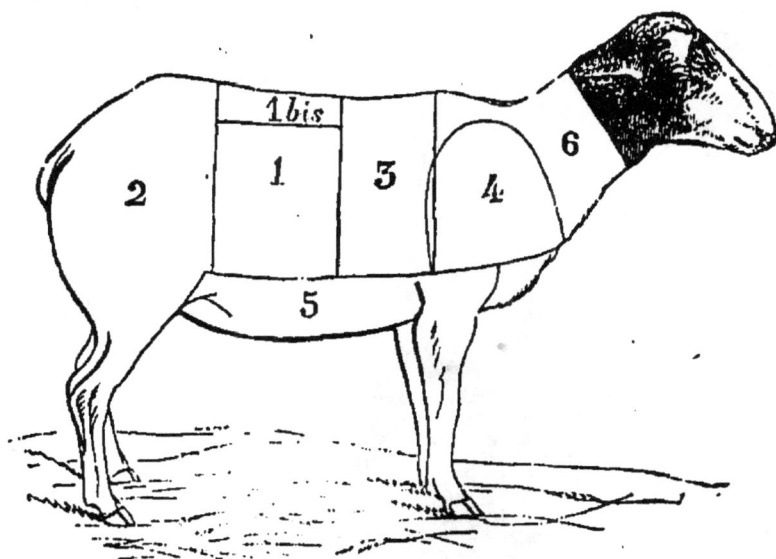

COUPE DU MOUTON A PARIS

PREMIÈRE QUALITÉ

Nᵒˢ 1. Filet.
2. Gigot.
3. Côtelettes.

DEUXIÈME QUALITÉ

4. Épaule.

TROISIÈME QUALITÉ

5. Poitrine.
6. Collet.

Les bons moutons sont gras au dedans et ont la chair noire. — Il en est ainsi quand ils sont jeunes et qu'ils n'ont point souffert.

En temps frais, il faut à la chair de mouton quatre ou cinq jours de mortification.

Dans l'été, on doit la conserver le plus possible.

En hiver, on la garde tant qu'on veut, à la condition cependant de ne pas la laisser geler; elle perd alors son goût.

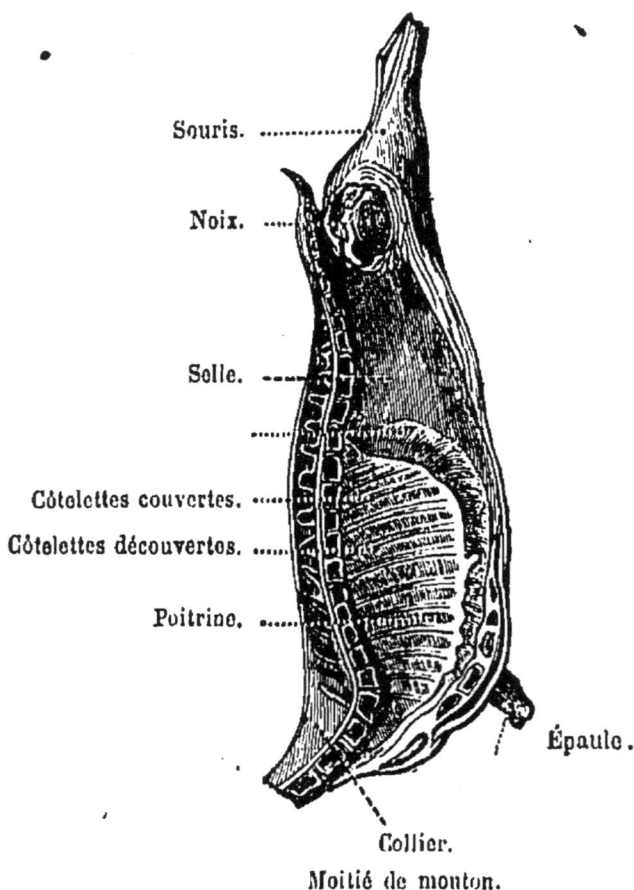

Souris. ....

Noix. .....

Selle. .....

....

Côtelettes couvertes. .....

Côtelettes découvertes. ......

Poitrine. .....

Épaule.

Collier.

Moitié de mouton.

L'hiver est la saison où l'on mange le meilleur mouton.

Pour reconnaître sa bonté, il faut en prendre la chair entre l'index et le pouce ; s'il est jeune, la chair en est tendre ; mais s'il est vieux, elle est dure,

ridée et le gras est fibreux et visqueux. La chair
de la brebis est plus pâle que celle du mouton et le
grain en est plus serré. La chair du bélier a également le grain plus serré : elle est d'un rouge
sombre, et le gras en est spongieux.

Dissection du mouton. — Le carré de mouton se
dépèce absolument comme le carré de veau.

Pour ce qui est du gigot, qu'il soit rôti ou braisé,
on tient le manche de la main gauche et l'on coupe
en tranches minces toute la partie nerveuse dite la
souris, puis, les parties de derrière, qu'on ne coupe
que dans le cas où les premières tranches sont
insuffisantes, car elles sont les moins estimées.

PRÉPARATION DU MOUTON

Gigot de mouton à la broche. — Rien n'est succulent, en fait de cuisine bourgeoise, comme un
gigot de mouton à la broche, cuit à point; mais
aussi, en général, rien n'est plus dur. C'est fâcheux,
car un gigot rôti, d'une tendreté parfaite, est l'une
des plus excellentes choses que la boucherie puisse
offrir à l'alimentation.

La tendreté d'un gigot dépend moins du savoir
de la cuisinière que de ses soins, de sa patience, et
surtout de la nature de la bête.

Il est tel mouton que rien ne peut attendrir, et
tel autre que trois ou quatre jours d'attente suffisent pour rendre fondant.

Étant donné un gigot de bonne qualité et bien
mortifié, battez-le, embrochez-le et le laissez au

feu environ une heure et quart, en l'arrosant deux
ou trois fois pendant sa cuisson avec son jus et un
peu de bouillon mis dans la lèchefrite. Quand la
cuisson est complète, débrocher le gigot, passer la
sauce, et servir l'un dans un plat et l'autre dans
une saucière.

Il est d'usage de servir avec du gigot, des haricots blancs, verts ou panachés, ou des haricots en
purée.

Cuisson du gigot. — Il faut, pour faire cuire le
gigot ou l'épaule de mouton pesant 3 kilos :

A la broche et devant la cheminée. . . .	1 h.	30 m.
Dans la cuisinière et devant la cheminée.	1	10
Dans la cuisinière et devant la coquille. .	1	»

Et pour 2 kilog.

A la broche et devant la coquille.	1	»
Dans la cuisinière et devant la cheminée.	»	45
Dans la cuisinière et devant la coquille. .	»	40

Première manière de couper le gigot. — On prend
le gigot de la main gauche, on enlève d'un seul

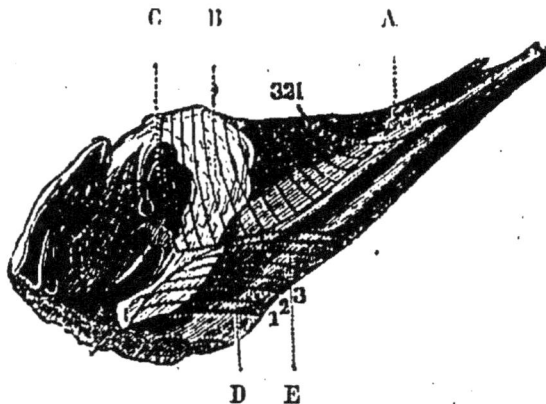

Première manière de découper un gigot.

coup la partie A (la souris) et on coupe des tranches

minces et obliques dans la noix B, en allant jusqu'à l'os C ; arrivé là on glisse le couteau horizontalement sur l'os, et on enlève toutes les tranches
déjà coupées. Si l'on veut servir la sous-noix E,
on retourne le gigot, en le tenant toujours de la
main gauche, on enlève la partie D comme on fait
pour la souris, et on la coupe, comme la noix, par
tranches minces et obliques.

La *seconde manière de couper le gigot* est la manière horizontale ; on le tient de la main gauche et
appuyé sur le côté plat, on enlève la souris, puis on
coupe la noix horizontalement et par tranches

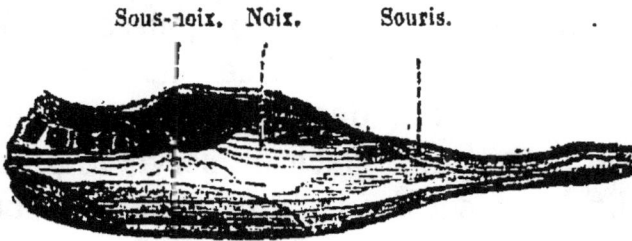

Sous-noix.   Noix.   Souris.

Douxième manière de découper un gigot.

minces. On retourne le gigot et après avoir enlevé
la partie X comme on a fait pour la souris, on découpe la sous-noix de la même manière que la
noix.

Gigot de mouton en chevreuil. — Il le faut choisir tendre et de forme allongée, le piquer de menus
lardons et le mettre dans une marinade chaude,
faite de vin blanc et de vinaigre assaisonnés d'oignons, de carottes, de thym, de laurier, de persil,
sel, poivre, etc., et l'y laisser quarante-huit heures
en le retournant de temps à autre ; le faire ensuite

égoutter pendant une heure, puis l'embrocher et durant la cuisson, l'arroser de sa marinade. On le sert avec une sauce poivrade très liée, que l'on délaye avec le jus de la lèchefrite.

Gigot de mouton braisé. — Désosser un gigot à l'exception de l'os du manche : le piquer de gros lardons assaisonnés de fines épices, de sel, de poivre, de persil et de ciboules hachés ; ficeler le gigot et lui rendre sa première forme.

Foncer une braisière avec des parures de viande de boucherie ; cinq ou six carottes et autant d'oignons, y poser le gigot ; mouiller avec du bouillon et un demi-verre d'eau-de-vie ; ajouter thym, laurier, trois clous de girofle et deux gousses d'ail ; couvrir le tout d'un papier et laisser cuire doucement, feu dessus et feu dessous, pendant cinq heures. Égoutter ensuite, glacer et servir le gigot soit sur un lit de chicorée ou simplement sur son jus passé au tamis.

Gigot de sept heures. — Désosser le gigot et le faire revenir dans une casserole avec un peu de beurre, jusqu'à ce qu'il ait pris une belle couleur ; le mouiller avec un peu d'eau et ajouter trois gousses d'ail, quatre ou cinq oignons, deux carottes et du sel ; faire cuire doucement pendant six ou sept heures ; puis, dégraisser la sauce, la lier avec un peu de fécule ; en glacer le gigot et le servir sur un lit soit de chicorée, soit de haricots, soit de purée de marrons, etc.

Gigot de mouton à l'eau. — Placer le gigot dans une marmite remplie d'eau bouillante en l'assai-

sonnant de carottes, oignons, bouquet garni et de
deux gousses d'ail ; laisser cuire deux heures, l'é-
goutter, et le servir avec une sauce aux câpres et
une purée de navets à part.

Avec de l'oseille passée au beurre et à la cuisson
du *gigot de mouton à l'eau*, on fait un assez bon
bouillon pour potage au pain.

Selle de mouton rôtie. — On nomme *selle* toute
la partie des reins.

Ainsi on coupe la selle à la première côte ; ensuite on coupe les gigots au-dessous de la queue
et en biais vers les flancs, que l'on roule sur eux-
mêmes et que l'on maintient avec des hâtelets.
Embrocher la selle ; la mettre au feu, et au bout
d'une heure et demie de cuisson, la servir sur son
jus.

Selle de mouton braisée. — La parer, la ficeler,
puis la coucher dans une braisière foncée suivant
l'usage (voyez *Braises*), ajouter deux grandes cuillerées à pot de bouillon, deux carottes, deux gros
oignons, un bouquet garni et un petit verre d'eau-
de-vie ; faire partir tout d'abord sur un feu ardent,
puis arroser la selle, la couvrir d'un papier beurré
et la faire ensuite mijoter doucement, feu dessus
et dessous ; après trois ou quatre heures de cuisson, retirer et égoutter la pièce, la débrider
avec soin, la glacer, puis, la servir sur son jus
passé et réduit. Servir en même temps une purée
de navets.

Épaule de mouton. — On découpe l'épaule de

mouton comme le gigot, en tenant l'os de la main gauche et en coupant par tranches minces la partie appelée noix; on retourne ensuite la pièce et on découpe la sous-noix de la même manière.

Épaule de mouton rôtie. — Elle se prépare comme *le gigot du mouton rôti.*

Noix.

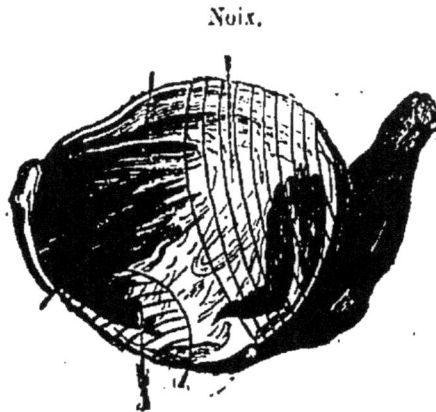

Sous-noix.

Épaule de mouton.

Épaule de mouton en ballon. — Désosser entière·ment une épaule de mouton, la garnir de gros lardons très assaisonnés, puis passer une ficelle autour avec une aiguille à brider, comme pour faire un bouton d'étoffe, serrer et donner à l'épaule la forme d'un ballon. Cela fait, la braiser, puis, la servir sur sa cuisson ou sur une purée de pommes de terre, etc., ou sur un ragoût de carottes, oignons, etc.

Côtelettes de mouton grillées. — Les parer, les passer au beurre tiède, les assaisonner de sel et de poivre et les mettre sur le gril à un feu vif, quatre minutes d'un côté et trois minutes de l'autre. On les sert au naturel, sur du verjus et aussi sur une sauce poivrade.

Côtelettes de mouton à la jardinière. — Les côtelettes étant parées, les piquer de fins lardons assaisonnés, et les placer dans une casserole sur de fines tranches de jambon que l'on aura fait suer avant. Laisser à leur tour suer les côtelettes et les assaisonner de sel, poivre, persil, et les mouiller de bouillon. Quand elles sont cuites, les servir sur un ragoût de légumes, et masquer le tout avec la cuisson passée au tamis et dégraissée.

Poitrine de mouton braisée. — La meilleure manière de la préparer, c'est dans une braisière, avec petits oignons, tranches de petit lard, sel, poivre, fines épices et un peu d'estragon : lorsqu'elle commence à suer, l'arroser avec deux verres de bouillon et la laisser achever de cuire à petit feu. On la sert dans son jus ou bien accompagnée d'une garniture ou d'une sauce.

Poitrine de mouton à la sauce piquante. — Elle se cuit de deux manières, soit dans le pot-au-feu comme un morceau de bœuf, où l'on la laisse jusqu'à ce que les os s'en détachent facilement, ou bien dans une casserole avec les parures, bouquet garni, oignons, carottes, sel, poivre, un ou deux litres d'eau, toujours jusqu'au moment où les os s'en détachent.

Dans les deux cas, après avoir retiré et fait égoutter la poitrine, la désosser et la laisser refroidir pressée entre deux couvercles de casserole à l'aide d'un gros poids.

Quand elle est refroidie, la tailler en morceaux égaux, les passer dans du beurre tiède, les assaisonner fortement, les paner, les griller comme des côtelettes et les servir sur une sauce piquante.

Haricot de mouton. — Le véritable morceau pour préparer ce mets classique en France, c'est le haut du carré d'un bon mouton. On peut également employer l'épaule et les filets. Débarrasser la viande de sa peau, la couper en morceaux et les placer dans une large casserole sur un feu vif, avec deux ou trois cuillerées à bouche d'eau ; faire revenir jusqu'à ce qu'ils soient de belle couleur, retirer la viande et la graisse, faire un roux avec beurre et farine, le mouiller avec du bouillon et de l'eau, y remettre les morceaux de mouton sans la graisse et laisser mijoter en ajoutant un bouquet garni, une gousse d'ail, girofle, sel et poivre ; passer au beurre oignons entiers et navets taillés en bouchons, leur faire prendre couleur, puis les incorporer dans le ragoût et le laisser finir de cuire.

Au moment de servir, retirer le bouquet et l'ail, et dresser sur un plat.

Le *haricot de mouton* se fait également aux pommes de terre. Dans ce cas, piquer un oignon de clous et le mettre dans la casserole en même temps que le bouquet, et remplacer les oignons et navets passés au beurre par des pommes de terre simplement pelées.

Collets de mouton aux petits oignons. — Après avoir fait dégorger et avoir paré les collets de mou-

ton, les cuire simplement dans un pot-au-feu comme
les poitrines de mouton ou les piquer de fins lardons assaisonnés et les braiser.

Dans le premier cas, on fait un roux mouillé de
bouillon dans lequel on met le collet de mouton,
après qu'il est cuit, avec de petits oignons préalablement passés au beurre, laisser mijoter un peu et
servir entouré des oignons.

Si les collets sont braisés, passer la cuisson, y
ajouter un peu de vin blanc, faire réduire, puis, y
mettre collets et oignons, laisser mijoter, dresser
et servir avec un jus de citron. Ce mets est excellent
et peu cher.

Hachis de mouton. — Il se fait avec toutes les
viandes de mouton, bouillies ou rôties, qui rentrent
à la cuisine, auxquelles on ajoute de la chair à saucisses. On hache le tout très menu, l'on assaisonne
avec persil, ciboule et on le met dans une casserole,
on passe au feu avec un morceau de beurre,
une pincée de farine, on mouille de bouillon ou
d'eau, on laisse mijoter sur un feu doux pendant
une demi-heure, on ajoute un filet de vinaigre et
des cornichons coupés en quatre, et l'on sert très
chaud.

On peut faire avec ce hachis, additionné d'œufs
battus et de mie de pain, des boulettes que l'on fait
frire après les avoir roulées dans la farine. On les
sert sur une sauce tomate pendant la saison ou sur
une sauce piquante.

Émincé de mouton. — Émincer des restes de gigot
ou d'épaule rôtie et les faire chauffer dans une

sauce poivrade ou piquante sans bouillir, car la viande durcirait.

Queues de mouton au parmesan. — Éplucher, faire dégorger et blanchir des queues de mouton, les braiser, puis les tremper dans du beurre fondu et les passer dans de la mie de pain mélangée à du parmesan râpé, leur faire prendre couleur sous un four de campagne et servir avec une rémoulade ou une ravigote.

Queues de mouton au riz. — Cuire les queues dans une braise légère (voyez *Braises*), les retirer après cuisson, passer la cuisson; blanchir du riz, puis le faire cuire à petit feu dans la cuisson des queues additionnée du bouillon; ne pas dégraisser. Quand le riz est cuit, le laisser refroidir, puis, en envelopper les queues de mouton, que l'on dispose dans un plat, mettre le plat sous un four de campagne et laisser prendre couleur. En retournant de temps à autre les queues de mouton, il se forme à la surface une croûte excellente. On peut en même temps servir une sauce faite d'un roux léger mouillé de la cuisson des queues avec un peu de purée de tomates. C'est là encore un excellent mets qui revient peu cher.

Langues de mouton. — Après les avoir nettoyées et mises à blanchir dans de l'eau bouillante, les éplucher, ôter la peau qui les enveloppe et les parer.

On les cuit ensuite soit dans du bouillon avec un peu de sel, soit dans une braise légère, ce qui est beaucoup mieux.

8.

Langues de mouton braisées. — Les langues préparées comme il est dit ci-dessus, les piquer de fins lardons assaisonnés et les mettre à cuire dans une *braise* (voyez ce mot). Quand la cuisson est complète, on retire les langues, que l'on fend par le milieu sans détacher les morceaux et que l'on dresse la partie piquée en dessus; on dégraisse la cuisson, on la passe au tamis; au besoin, on la fait réduire, on y ajoute des cornichons ou des câpres, un filet de vinaigre, et l'on en masque les langues pour les servir.

Langues de moutons aux oignons. — Préparer les langues et les cuire comme les précédentes, puis, les masquer d'une sauce préparée avec des oignons passés au beurre, une pincée de farine, du vin blanc, du bouillon, du persil, des champignons, des ciboules, du sel, du poivre, un jus de citron ou du vinaigre.

Langues de mouton aux tomates. — Cuites et préparées comme les précédentes, on place entre chacune d'elles un croûton frit et on les masque d'une sauce tomate.

Langues de mouton en papillote. — Les braiser, les fendre par la moitié, puis, les mettre dans une papillote entre deux tranches minces de lard et du beurre maniés, des champignons hachés, fines herbes hachées, sel et poivre; faire griller à feu doux, et servir.

Langues de mouton grillées. — Les cuire au bouillon, les fendre, les passer dans du beurre ou du lard fondu avec persil, poivre et sel, les paner, les griller légèrement, et les servir sur une sauce piquante, ou aux tomates, ou au verjus.

Langues de mouton au gratin. — Les langues étant braisées et fendues, garnir un plat de farce cuite, poser les langues dessus, les recouvrir de bardes de lard et d'un papier beurré, et placer sur un feu doux, en couvrant le plat d'un four de campagne. Quand les langues ont pris belle couleur, les servir accompagnées d'une sauce italienne.

Pieds de mouton à la poulette. — Les pieds de mouton étant échaudés, les fendre et leur ôter le gros os, les flamber, les blanchir, les essuyer et les mettre cuire dans un blanc : il ne faut pas moins de cinq heures pour les cuire. Après ce temps les retirer, les faire égoutter et leur enlever la laine qui est entre les fourchettes, puis faire un roux blanc, le délayer avec du bouillon, y incorporer un bouquet de persil, deux oignons, clous de girofle, une feuille de laurier et quelques parures de champignons, faire cuire cette sauce en la tournant pendant une demi-heure, la passer à l'étamine, remettre sur le feu, faire réduire au besoin et y placer les pieds de mouton. Au moment de servir, on lie avec du beurre, des jaunes d'œufs et un jus de citron. La sauce doit avoir une certaine consistance.

Pieds de mouton à la lyonnaise. — Cuits comme pour être mis à la poulette, en retirer les plus gros os, les couper par morceaux, faire revenir dans du beurre des oignons coupés très mince, ajouter un

peu de farine, faire roussir, mouiller avec du bouillon, dégraisser la sauce et laisser réduire; au moment de servir, y mettre les pieds de mouton.

Pieds de mouton à la sauce Robert. — Les préparer comme il est dit aux pieds de mouton à la poulette et les faire cuire de même, puis, les mettre
dans une sauce Robert (voyez ce mot), laisser mijoter pendant quelque temps, assaisonner de sel et
poivre, et, au moment de servir, ajouter un peu de
moutarde.

Pieds de mouton en ravigote. — Préparés et cuits
dans un blanc, les sauter dans une ravigote, puis
les dresser et servir.

Pieds de mouton frits. — Cuits comme les précédents, les couper en filets de moyenne grosseur;
les faire mariner, puis égoutter; les tremper dans
une pâte à frire, et les frire de belle couleur, puis
les servir avec une garniture de persil frit.

Rognons à la brochette. — S'assurer tout d'abord
de la fraîcheur des rognons, en enlever la peau, les
fendre sans les séparer, y passer une brochette
pour les maintenir ouverts, les tremper dans du
beurre fondu, les paner, puis, les cuire sur le gril;
quelques minutes suffisent; les dresser ensuite sur
un plat chaud la fente en dessus, placer sur chaque
rognon gros comme une noisette de maître d'hôtel
froide, et servir vivement accompagné d'un citron.

Rognons de mouton sautés. — Après avoir enlevé
la peau et la graisse des rognons, les émincer et les

mettre dans une casserole avec beurre, sel, poivre, persil haché et champignons, sauter le tout, ajouter un peu de farine, mouiller avec vin blanc et bouillon, et, au moment de servir, lier avec un peu de beurre frais. On peut servir avec une garniture de croûtons frits.

Éviter de trop laisser cuire.

Rognons de mouton tôt prêts. — Les rognons préparés comme pour être mis sur le gril, c'est-à-dire fendus et embrochés, les placer dans une casserole ayant le fond frotté de beurre et les garnir chacun d'un peu de beurre manié de persil, sel et poivre, couvrir la casserole et la placer sur un feu doux avec feu dessus et ne les laisser aussi qu'un instant ; deux ou trois minutes suffisent à la cuisson. Retirer les rognons, les dresser et les arroser de la cuisson additionnée d'un filet de vinaigre.

Cervelles de mouton. — Elles se préparent comme les cervelles de veau.

Il est bon de ne jamais négliger, après les avoir débarrassées de la peau qui les couvre, de les mettre à tremper quelque temps dans de l'eau salée et acidulée.

DE L'AGNEAU

Il y a des agneaux de deux sortes : l'agneau de lait a la chair blanche, tendre et délicate, qui, pour

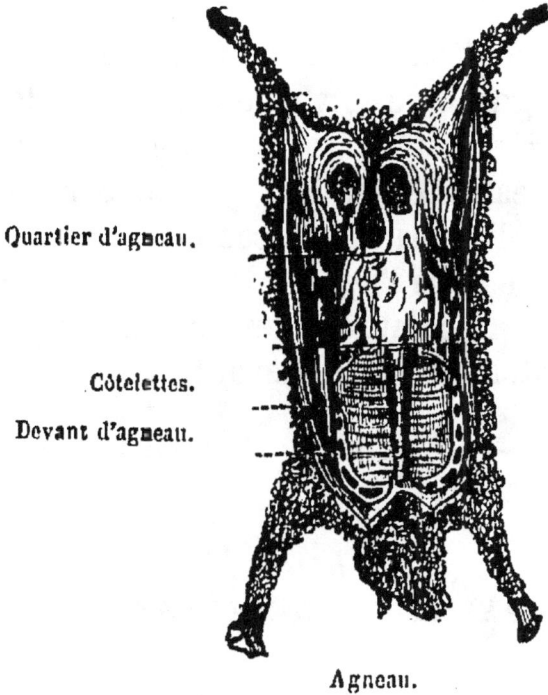

Quartier d'agneau.

Côtelettes.
Devant d'agneau.

Agneau.

être bon, demande d'abord à sucer tout le lait de sa mère et à avoir plus tard plusieurs nourrices à la fois ; et l'agneau de camp, ainsi nommé parce qu'il a campé avec sa mère au dehors et a brouté, on le tue âgé de six à huit mois ; l'agneau de lait, lui, est dans sa fleur quand il a de quatre à cinq mois.

La vraie saison des agneaux de lait est de Noël à la Pentecôte ; quant aux agneaux de camp, ils sont parfaits en avril et mai, et bons jusqu'à la mi-août.

Le bon agneau est celui dont les yeux paraissent

brillants et pleins dans la tête. S'ils sont enfouis et ridés, c'est un signe que l'agneau est vieux tué. On en peut juger d'une autre manière, en examinant le quartier de devant ; si les veines du col sont d'une belle couleur bleue, c'est que l'agneau est frais ; mais si elles sont vertes ou jaunes, il n'y a pas de doute que l'agneau ne soit vieux tué. Dans le quartier de derrière, si le rognon donne une petite odeur désagréable ou si le gigot cède mollement sous le doigt, l'agneau n'est pas bon.

On distingue dans l'agneau trois parties : le quartier d'agneau qui comprend les deux gigots, la selle ou filet et côtelettes, et le devant.

Dissection. — L'agneau se dépèce comme le mouton.

PRÉPARATION DE L'AGNEAU

Selle d'agneau rôtie à l'anglaise. — Cette partie de l'agneau est à la fois la plus substantielle et la plus délicate. Après l'avoir parée et ficelée, la faire rôtir et la servir sous une sauce ainsi composée :

Mettre dans une casserole un demi-litre de bouillon, de la sauge verte bien hachée (une forte pincée), laisser bouillir cinq minutes, ajouter deux échalotes bien pilées, trois cuillerées de vinaigre, un morceau de sucre, poivre et sel, puis passer et servir.

Cette sauce est par d'aucuns très estimée.

Gigot d'agneau rôti. — Le piquer de menus lardons assaisonnés ou le barder, le mettre en broche et le faire rôtir de belle couleur; avant de le retirer de broche, le saupoudrer de mie de pain mêlée à du persil haché et le servir sur une sauce de haut goût.

On sert également le gigot d'agneau sur une *maître d'hôtel.*

Quartier d'agneau rôti et pané: — Le quartier de devant est plus délicat que celui de derrière; le piquer de petit lard du côté de la peau, et semer de la mie de pain sur l'autre côté; avant de l'embrocher le couvrir de papier beurré. La cuisson presque achevée, retirer le papier, saupoudrer de nouveau de mie de pain le côté où il n'y a pas de lard, en ajoutant sel et persil haché menu; exposer le quartier à un feu vif pour lui faire prendre couleur, et le servir avec un filet de verjus ou de vinaigre, ou un jus de citron.

Côtelettes d'agneau. — Elles se préparent comme les côtelettes de mouton.

Tête d'agneau au naturel. — Les faire dégorger et blanchir à l'eau bouillante, puis, les cuire soit dans de bouillon, soit dans de l'eau avec carottes, oignons, bouquet, sel, et les servir soit accompagnées d'un huilier ou d'une sauce faite d'un peu de cuisson, sel, poivre, vinaigre, persil et échalotes hachés.

La tête d'agneau se sert également sur un ragoût au gras.

La cervelle d'agneau, les langues d'agneaux, les pieds d'agneaux s'emploient comme dans le mouton.

DU PORC

La viande de porc joue un grand rôle dans l'alimentation des petits ménages. Bon nombre dans les campagnes en font, chaque année, tuer un à leur usage particulier. Voici, d'après le syndicat de la charcuterie, comment on le divise et on le débite à Paris.

C'est ordinairement vingt-quatre heures après l'abattage qu'on procède au coupage du porc.

On commence par détacher la tête et les pieds, on enlève les jambons après, et l'on sépare la chair à saler en morceaux de un à deux kilogrammes. Le charcutier enlève les jambons de derrière (C) (*voir la figure*) en les coupant circulairement au point de jonction du tronc et de la cuisse et en évitant d'endommager *la molette*, il détache ensuite les jambons de devant (E) en agissant de la même manière.

Quand ces parties ont été séparées, il enlève la panne, masse de graisse de dessous qui tapisse l'intérieur de la poitrine, et qui est dite belle, quand elle est d'un beau blanc de lait ou qu'elle n'offre que quelques marbrures rosées. Il détache ensuite à droite et à gauche du dos, sur les parties indiquées par A et B, *les couches de chair* qui se trouvent sur *le lard*. Cette viande est la plus estimée, elle constitue ce que l'on appelle le véritable *filet*.

Alors il lève les carrés où se trouvent les côtes mobiles, les asternales, et il détache celles qui sont rapprochées du cou et qui fournissent les plates-

côtes. Enfin il termine le coupage du porc en divi-
sant les carrés et les plates-côtes en morceaux d'é-
gale grosseur destinés à être salés.

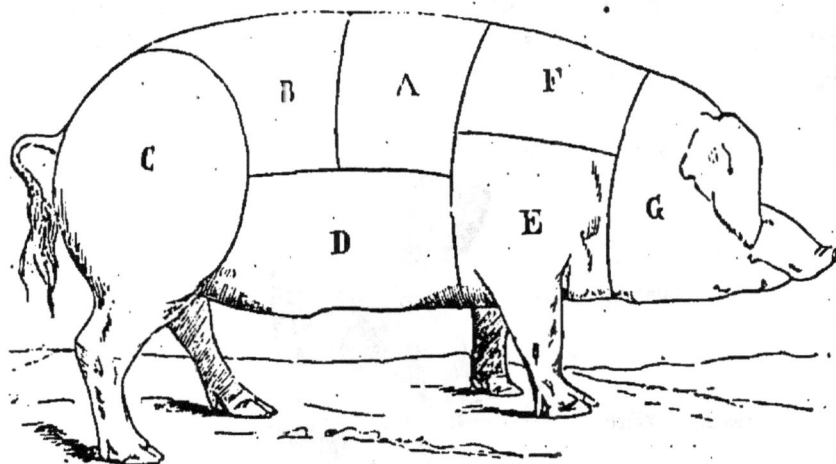

Coupe de boucherie du porc à Paris.

NOTICE SUR LA COUPE DU PORC A PARIS

A. *Longe de devant*. — Partie qui est bonne et sur
laquelle on trouve *d'excellentes côtelettes* et de bon *carrés
de porc frais*.

B. *Longe de derrière*. — C'est cette partie qui fournit *le
filet de porc frais*, si recherché dans les grands centres popu-
laires.

C. *Jambon*. — Partie du porc ayant une grande valeur à
cause de la qualité et de la finesse de la chair.

D. *Ventre*. — Fournit toujours une viande à saler d'une
qualité secondaire.

E. *Épaule*. — Qu'on utilise parfois comme *jambon*, jam-
bonneau, après l'avoir en partie désossée. Les jambes de
devant sont moins recherchées que les jambes de derrière;
leur viande est de moins bonne qualité.

F. Partie supérieure de la poitrine, qui fournit les *côtes à saler* et le *petit salé*, morceaux de qualité ordinaire, mais supérieure ordinairement aux parties fournies par le cou et le ventre.

G. *Tête et cou*. — Parties où la viande est toujours de qualité inférieure. La tête sert à faire le fromage de cochon, ou on la prépare en hure.

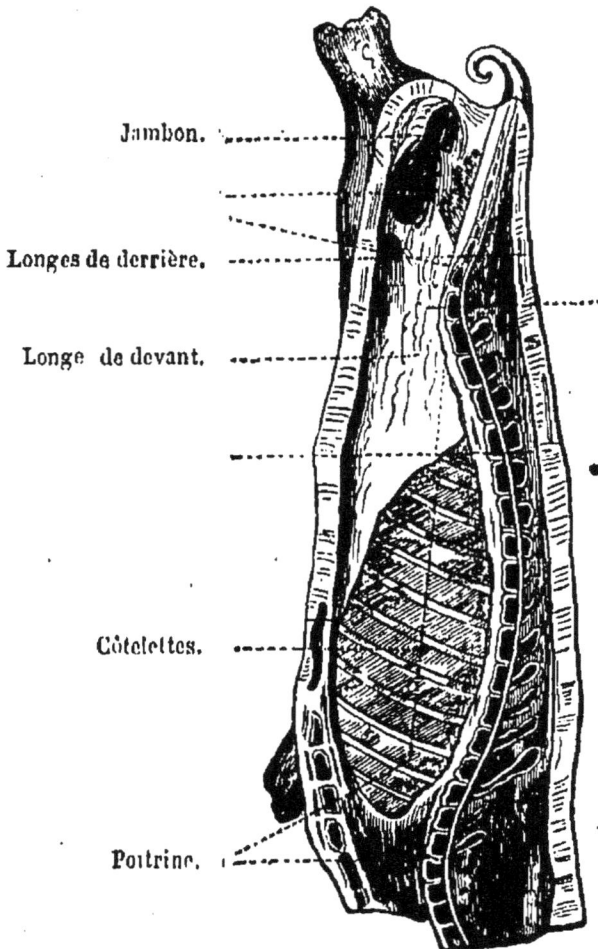

Jambon.

Longes de derrière.

Longe de devant.

Côtelettes.

Poitrine.

Choix. — Pressée entre l'index et le pouce, la chair du jeune porc se rompt, et la peau se fend.

Une couenne rude et épaisse qui ne cède pas facilement à la pression des doigts décèle un porc vieux: S'il est frais, la chair sera froide et unie; si elle est visqueuse, le porc est gâté. Dans ce cas, le jambon est toujours ce qu'il y a de pire: Ce qu'on appelle un *cochon ladre* est très malsain à manger. Il est facile de le reconnaître à sa graisse pleine de petits grains qu'on ne trouve jamais dans le porc sain.

Le jambon dont le manche est court est généralement le meilleur.

L'échinée de porc se découpe comme le carré de veau.

Le jambon salé et fumé doit être coupé par tranches perpendiculaires. Commencer par l'extrémité opposée au manche tenu par la main gauche. N'enfoncer le couteau que jusqu'au milieu de sa grosseur, puis couper horizontalement au bas toutes les tranches de manière à les disjoindre, on a ainsi, à volonté, du gras et du maigre à chaque morceau. On a eu soin de garder la première tranche pour la ramener à l'endroit où l'on a fini de couper; et, afin de le maintenir frais, on recouvre le tout avec la couenne.

PRÉPARATION DU PORC

Jambon au naturel. — Le jambon ayant préalablement été salé et fumé, enlever le dessus de la chair et tout ce qui pourrait être rance; scier le manche, ôter l'os du quasi et celui du milieu, et le faire tremper dans de l'eau pendant sept ou huit jours, selon sa grosseur. Quand on le juge assez

dessalé, l'envelopper soigneusement dans un linge
blanc et le mettre dans une marmite, le cuire à
grande eau et à petit feu, avec carottes, persil, laurier, thym, ail, etc. Après cinq ou six heures, la
cuisson doit être complète, on en juge en enfonçant
dans le jambon une lardoire. On l'enlève alors, on
l'égoutte et on le replace dans une autre marmite
avec une bouteille de bon vin blanc sec, et on le
laisse mijoter pendant quarante minutes. On le retire, on le place sur une passoire, et on l'y laisse
refroidir jusqu'au lendemain.

On pare le jambon en arrondissant bien sa forme,
on soulève la couenne pour le couvrir de fine chapelure de pain mélangée avec du persil haché menu
et du poivre, et on le sert sur une serviette.

Le bouillon de cuisson peut être utilisé pour cuire
une poitrine de mouton, des légumes, ou pour faire
une soupe aux choux.

Ce jambon ainsi cuit peut également se servir
chaud, on l'accompagne alors d'une sauce Robert et
d'épinards au jus servis à part. Un lit de macaroni
n'est pas non plus à dédaigner pour un jambon,
soit bouilli, soit rôti.

Jambon à la broche. — Préparer le jambon comme
ci-dessus, et quand il est dessalé, le mettre dans
une terrine avec des oignons, des carottes coupées
en larges rondelles, branches de persil, feuilles de
sel, thym, sauge, laurier, genièvre, basilic, poivre,
anis et coriandre; on tire à clair et on laisse refroidir; on met le jambon sur une planche inclinée
sur une terrine pour recevoir le jus; on humecte

laurier, thym; mouiller de vin blanc, laisser mariner au moins 24 heures avec un linge sous le couvercle de la terrine, puis, embrocher le jambon après l'avoir bien enveloppé de feuilles de papier beurré, l'arroser avec sa marinade; et quand il est cuit, le débrocher, enlever les feuilles de papier, le parer, le glacer, le dresser sur un plat et le servir avec une sauce Madère ou une sauce Robert.

Manière de découper le jambon. — On place le jambon à plat, l'os à gauche, et en le prenant de la main gauche, on fait une incision en obliquant le couteau à droite et à gauche; il en résulte une encoche auprès du manche, elle sert de point de départ pour découper en tranches toute la noix en suivant l'ordre des numéros indiqué dans la gravure. La noix se sert seule dans un dîner.

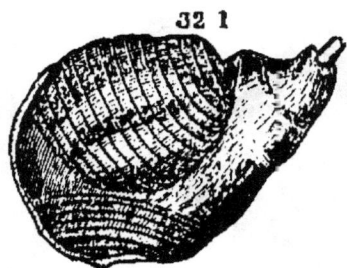

Jambon.

Quand on veut aller plus loin, on retourne le jambon, on place l'os en haut et on découpe la partie inférieure également par tranches en coupant du centre vers le bord.

Jambon de Bayonne. Préparation. — On lave et on pèle un bon jambon, en attachant le manche à la noix avec une ficelle; on le met en presse pendant 24 heures entre deux planches pesamment chargées; on le retire, on pile autant de sel et de salpêtre que le jambon pèse de kilos, et on l'en assaisonne; on fait un court-bouillon de vin, d'eau, chaque jour le jambon avec le court-bouillon au moyen d'une serviette ou d'une belle éponge bien propre; après 15 jours, on l'essuie et on le couvre de lie de vin; quand la lie est sèche, on l'expose dans la cheminée à une fumée de genièvre, trois ou quatre fois par jour, pendant une heure, et durant huit jours; quand le jambon est bien sec, on le met dans la cendre très sèche, pour le parfumer.

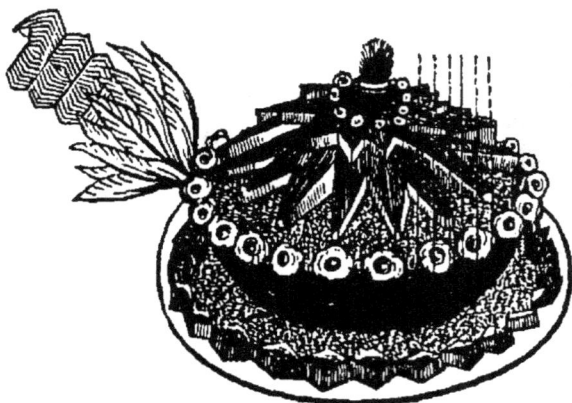

Jambon paré.

Porc frais rôti. — On emploie en rôtis diverses parties du porc; ce sont le filet, les côtelettes et l'échinée; on les accommode aussi de diverses manières, en grillades, ragoûts, etc.

Ces divers rôtis peuvent se préparer de la façon suivante :

On saupoudre le morceau de porc préparé d'un peu de sel dessus et dessous, on le met à la broche et, après deux heures de cuisson, on le sert avec une sauce poivrade, à la tartare ou toute autre sauce piquante.

Il faut, pour cuire un rôti de porc de 2 kilos :

A la broche devant la cheminée.	2 h.	» m.
Dans la cuisinière devant la cheminée. .	1	30
Dans la cuisinière devant la coquille. . .	1	20

Et pour 1 kilo :

A la broche devant la cheminée.	1	15
Dans la cuisinière devant la cheminée. .	»	57
Dans la cuisinière devant la coquille. . .	»	40

Quelques personnes piquent d'ail les rôtis de porc frais.

Échinée de cochon au demi-sel. — La placer sur un plat avec sel dessus et dessous et l'y laisser deux jours ; la rôtir ensuite et la servir sur une sauce poivrade ou une sauce Robert.

Côtelettes de porc frais. — On les fait griller après les avoir coupées et parées comme les côtelettes de veau, en laissant un peu de gras autour ; on les aplatit pour leur donner une bonne forme ; on les saupoudre de sel ; on les pane et on les sert avec une rémoulade additionnée de jus de citron, ou avec une sauce tomate.

Côtelettes de porc frais à la poêle. — Les passer dans le beurre, que l'on fait fondre d'abord ; les couvrir de mie de pain mélangée avec sel, poivre, fines herbes, et, quand elles sont cuites, ajouter de la chapelure, de la farine, un verre de vin blanc, laisser réduire et verser sur les côtelettes, après avoir ajouté des câpres, des champignons, des cornichons coupés en filets, ou tous autres légumes confits au vinaigre.

Oreilles de porc braisées. — Après les avoir
nettoyées, flambées, échaudées, les mettre cuire
dans une braisière entre des bardes de lard, des
oignons, des carottes, un bouquet et mouiller de
bouillon ; quand elles sont cuites, servir avec une
sauce ou une purée, au choix.

Oreilles de porc à la lyonnaise. — Après les
avoir fait braiser, les couper par filets et les mettre
dans une sauce faite avec des oignons émincés et
passés au beurre ; ajouter de la farine, mouiller
avec du bouillon ; faire réduire ; puis, au moment
de servir, additionner d'un jus de citron et dresser
avec une garniture de croûtons frits.

Oreilles de porc à la Saint-Menehould. —
Après les avoir braisées, les laisser refroidir, puis,
les tremper dans du beurre tiède pour les saupoudrer de mie de pain, leur faire prendre couleur
sous un four de campagne et servir avec une rémoulade.

Queues de porc en hochepot. — Faire blanchir
six queues de porc, les mettre cuire dans une
braise avec une demi-livre de petit lard coupé en
gros dés. Faire également blanchir des navets, des
carottes, des racines de céleri, le tout tourné à
l'avance, et des petits oignons ; cuire ces légumes à
part dans du bouillon, jusqu'à ce que chacun d'eux
soit cuit à point. Faire un roux, y placer les légumes et le petit lard, laisser réduire et dégraisser ;
égoutter ensuite les queues, dresser dans un plat
les légumes, poser les queues dessus et masquer
avec la sauce.

Queues de porc à la chicorée. — Après les avoir fait cuire dans une braise, les égoutter, les essuyer, les ciseler et les sécher avec une pelle rouge tenue à distance, et les servir sur de la chicorée, des épinards, de l'oseille ou tout autre ragoût.

Chair à saucisses. — On la trouve ordinairement préparée chez les charcutiers; cependant les bonnes ménagères la font faire sous leurs yeux avec du lard frais et bien choisi, mêlé de gras et de maigre en égales quantités; on peut ajouter à cette préparation du mouton ou du bœuf rôti, de la volaille, du gibier, selon l'usage auquel on la destine. On emploie ce hachis à farcir toutes sortes de légumes, artichauts, concombres, choux-fleurs, aubergines, choux. On en fait du godiveau, des croquettes, des boulettes que l'on passe dans la friture. On en remplit des tourtes vol-au-vent, on en fait des lits pour les pâtés de volaille, de gibier, de veau.

En ajoutant à la chair à saucisses de la mie de pain trempée et cuite dans la crème, quelques jaunes d'œufs, de la graisse de veau, de la moelle de bœuf, du blanc de volaille, on farcit avec avantage toute sorte de volailles, les têtes et les oreilles de veau, des poupiettes, etc.

Pieds de cochon à la Sainte-Menehould. — Les flamber, les laver à l'eau chaude, les fendre en deux dans le sens de la longueur; rapprocher les morceaux, les attacher, pour qu'ils ne se séparent pas, et les faire cuire dans du bouillon; quand ils sont cuits, les faire égoutter et refroidir; ôter les liens qui retiennent les morceaux, passer les pieds au beurre, les paner et les faire griller.

Pieds de cochons farcis. — Les préparer, les cuire comme il est dit précédemment; avoir, pour chaque pied, un morceau de crépine de grandeur suffisante; désosser les pieds, mettre à la place des os de la chair à saucisse, entourer le tout avec de la crépine et faire griller sur un feu modéré.

Saucisses et crépinettes. — Les saucisses et les crépinettes (saucisses plates) sont de la chair à saucisses enveloppées de crépine.

Saucisses sur le gril. — Piquer les saucisses et les faire griller à feu ordinaire, et les servir soit au naturel, soit sur une purée de haricots, de pommes de terre, de lentilles ou sur une sauce tomate.

Saucisses au vin blanc. — Les faire revenir dans une poêle avec du beurre, puis les saupoudrer d'un peu de farine, ajouter du vin blanc, de persil haché, sel et poivre, laisser la sauce se lier, puis servir.

Boudin noir. — Ce comestible se prépare en mélangeant à du sang de porc, qu'on remue sans cesse pendant qu'il coule dans un vase placé sur des cendres chaudes, de la panne, du lard, du persil, de la ciboule, de la muscade, du laurier, du sel, du poivre, des oignons cuits, le tout haché menu et arrosé de crème; cela fait, on introduit ce mélange dans un boyau, bien nettoyé; on divise en parties égales, au moyen de ligatures, le boyau ainsi rempli; puis on dispose sur des étais ces boudins qu'on met cuire dans une chaudière pleine d'eau chaude, en évitant, de faire bouillir pour que les boudins ne crèvent point; lorsqu'ils sont cuits à point, on les essuie, on les met ensuite refroidir sur un blanc et on les frictionne avec de la panne pour les rendre brillants. Lorsqu'on veut les manger, on les fait griller, on en relève la saveur par la moutarde. On peut encore faire du boudin avec du sang de veau, de mouton, de bœuf, mélangé de sang de porc, mais on n'obtient ainsi qu'un boudin d'une qualité bien inférieure. Les boudins faits avec le sang du sanglier, du chevreuil, du daim, du lièvre, de volaille sont délicats.

Boudin blanc. — Du lait, de la mie de pain, des oignons en petits dés passés au beurre blanc, de la panne fraîche hachée, des blancs de volaille, des jaunes d'œufs, de la crème, le tout assaisonné de sel fin et des quatre épices, quelques amandes douces pilées, introduits dans des boyaux bien nettoyés et apprêtées, divisés également et liés à chaque bout; quand ils ont été convenablement remplis, constituent ce qu'on nomme boudin blanc. Ce sont de véritables quenelles; on fait cuire ces boudins à l'eau bouillante, on les plonge ensuite dans l'eau froide, on les égoutte, on les essuie, et on les brillante avec de la panne. Les boudins blancs se mangent cuits sur le gril en caisse beurrée. Ce boudin peut se varier à l'infini, en employant à sa confection du lapereau, des volailles, variées, des foies gras, des écrevisses, du poisson, assaisonnés de champignons, etc.

Andouilles. — Après avoir bien vidé et nettoyé les boyaux les plus gros et les plus gras du cochon au moyen du nœud d'osier, et les avoir fait dégorger pendant vingt-quatre heures dans de l'eau fraîche coupée d'un quart de vinaigre, additionnée de thym, de laurier, de fenouil et de persil, pour leur faire perdre, autant que possible, l'odeur qui leur est particulière, les laisser égoutter, et les bien essuyer; les partager en longs filets. On prend alors du lard maigre qu'on coupe comme les boyaux, puis de la panne hachée en petits morceaux; on ajoute du sel et des quatre épices, on met le tout dans un boyau non découpé qu'on lie par les deux bouts. On les met cuire dans du bouillon avec des racines, un bouquet de persil, des ciboules, un peu de thym et de laurier; on peut remplacer avec avantage ce mode de cuisson par du lait coupé d'eau par moitié, et assaisonné de sel, de thym, de laurier, auxquels on ajoute un peu de panne afin de les nourrir. Il faut les laisser refroidir dans leur cuisson, on les fait ensuite griller pour les servir.

Andouilles marinées et fumées. — Après avoir préparé la fraise et les gros boyaux gras de porc comme il est dit plus haut, et les avoir coupés de la longueur qu'on veut donner aux andouilles; les mariner dans du vinaigre étendu d'eau dans lequel on a fait infuser du thym et du laurier; on les garnit avec les boyaux coupés ainsi que la chair et la fraise et la panne en filets, le tout mariné et assaisonné de sel, poivre, quatre épices; remplir le reste des boyaux avec ce mélange, en ayant le soin de ne pas trop les remplir pour qu'ils ne crèvent point à la cuisson; épicez-les et suspendez-les à la cheminée, pour les fumer avec des sarments de vignes ou mieux encore, avec du bois de genévrier; quand vous les ferez cuire, il faut avoir le soin d'ajouter au bouillon un fort morceau de panne pour les bien nourrir, ce qui est toujours utile, surtout pour les andouilles fumées qui sont plus sèches que celles qui n'ont pas été soumises à cette préparation.

Ces andouilles se servent principalement, après qu'on les a fait griller, sur une purée de pois, de haricots, ou de marrons, relevée d'épices.

Hure de cochon ou de sanglier. — On désosse la tête avec grand soin; on dépouille la langue et on la coupe en filets; on y joint des morceaux de lard bien gras et des morceaux de chair maigre; on fait mariner le tout pendant plusieurs jours dans parties égales de vinaigre et d'eau, avec tranches d'oignon, persil, estragon, laurier, girofle, muscade, sel et poivre. Au moment de la cuire, on remplit la hure avec un hachis de langue et de chair marinées; on recouvre la tête en lui donnant la forme naturelle; on l'enveloppe d'un linge blanc, on la met dans une braisière avec les os brisés; on remplit de vin blanc et d'eau avec thym, laurier, persil, clou de girofle, sel, poivre; on fait cuire à petit feu; après huit heures, on s'assure avec une aiguille que la hure est cuite; on la sort du court-bouillon, on la presse fortement pour extraire le liquide; on la laisse refroidir et on la couvre de chapelure mêlée de persil haché.

La hure, servie entière, se coupe par le travers, au-dessus des défenses; on coupe ensuite des tranches minces dans toute l'épaisseur, en rapprochant toujours les parties qui restent, pour éviter qu'elles ne se dessèchent.

Fromages d'Italie. — On pile et broie un foie de cochon avec un tiers de lard et un tiers de panne; on mêle le tout, en l'assaisonnant de poivre, sel, muscade, girofle, thym, sauge, persil haché; on couvre le fond et les bords d'un moule de fer-blanc avec de la crépine; on place le hachis au milieu; on le recouvre de bandes de lard et l'on fait cuire au four; quand le fromage est cuit, on le laisse refroidir dans le moule et on l'en retire en trempant le tout dans de l'eau bouillante.

Fromage de cochon. — Il diffère du précédent. On désosse une tête de cochon; on coupe en filets toute la chair qu'elle contient; on y ajoute les oreilles; on mêle le tout avec du laurier, du thym, du persil haché très fin, des épices, sel et poivre, muscade râpée, un zeste et un jus de citron; on étend la peau de la tête dans un saladier; on place les filets en les entremêlant de gras et de maigre, les tendrons des oreilles, la panne, la langue; on enveloppe le tout dans la peau que l'on coud serrée; on fait cuire ce fromage dans une marmite longue avec de l'eau et du vin assaisonnés de thym, laurier, de persil, girofle, sel, poivre ; après sept ou huit heures, le fromage peut être sorti de la marmite et mis dans un moule. Pour le servir, le démouler et l'entourer de sa gelée clarifiée avec des blancs d'œufs.

COCHON DE LAIT

Cochon de lait rôti. — Après l'avoir saigné, dépouillé et troussé, on le frotte en dedans de beurre, fines herbes et poivre, oignons piqués de clous de girofle, on le fait dégorger à grande eau pendant vingt-quatre heures ; on l'égoutte ; on le flambe vivement ; on l'embroche par derrière, en faisant

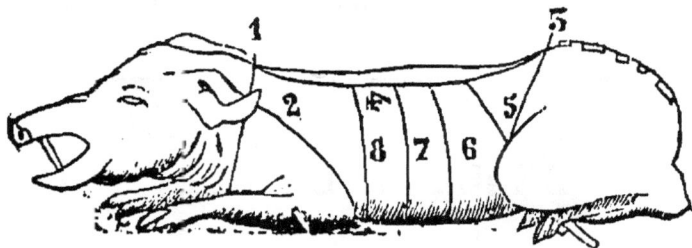

Cochon de lait.

sortir sa broche par le boutoir ; on lui met dans le ventre un paquet de sarriette, de sauge et d'estragon ; on l'enduit de bonne huile d'olive, ce qui rend la peau croquante ; on le laisse cuire jusqu'à ce qu'il soit devenu d'un beau jaune ; on le sert, en sortant de la broche avec une pomme d'api dans le groin ; on l'accompagne d'une sauce au sel, poivre et jus de citron.

On le farcit aussi quelquefois avec son foie haché et du lard blanchi, champignons, câpres, fines herbes, assaisonnés de poivre et de sel, le tout passé à la casserole.

Il faut, pour faire cuire le cochon de lait :

A la broche et bon feu. . . . . . 2 h.
A la cuisinière et feu de cheminée. 1 h. 1/2.
A la cuisinière avec la coquille. . 1 h. 20 m.

Dès que le cochon de lait ainsi rôti est arrivé sur la table, il faut lui trancher la tête; autrement sa peau, naturellement croquante, deviendrait molle. On enlève en suite la peau par carrés aussi près que possible des os.

Le cochon de lait se sert aussi en daube, en ragoût, et, dans toutes les préparations, on a soin de relever le goût de la chair, naturellement fade.

DE LA VOLAILLE

DU DINDE

On doit choisir les dindes jeunes, tendres, gras, et bien nourris. — Quand ils sont vieux, leur chair est coriace.

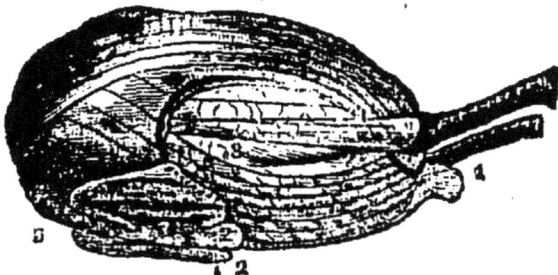

Dindon.

Après avoir saigné les dindes, on les plume, on les laisse mortifier, on les vide, on les trousse, on les flambe et on les épluche.

Dindon à la broche. — Après avoir choisi un dindon dans de bonnes conditions, et l'avoir préparé comme il est dit ci-dessus, le trousser à l'aide d'une aiguille à barder et d'une ficelle, le piquer de menus lardons ou le barder de lard, l'envelopper d'un papier huilé et le mettre en broche. Quand la cuisson est sur le point de se terminer, enlever le papier pour lui laisser prendre couleur. Puis le débrocher, le débarrasser des ficelles, le dresser sur un plat et le servir avec son jus dans une saucière.

On peut le présenter sur un lit de cresson.

La cuisson d'un beau dindon exige :

A la broche et au feu. . . . . . 1 h. 30 m.
Dans une cuisinière. 1   10

Pour découper un dindon, il faut d'abord séparer la partie du derrière, qui s'appelle *mitre*, de celle de devant. A cet effet, le dindon étant sur le dos, prendre de la main gauche la patte la plus rapprochée de soi et lui faire avec le couteau, tenu de la main droite, une incision profonde en commençant au-dessus du croupion et en contournant la cuisse ; arrivé à l'aile reprendre au-dessus du moignon et s'arrêter à sa hauteur, faire la même opération autour de l'autre cuisse, puis retourner la bête le dos en dessus ; avec la fourchette, tenue de la main gauche, soulever le croupion pendant qu'avec le couteau on appuie sur la ligne du dos à la hauteur

des moignons. La désarticulation a lieu immédiatement, et, avec aide du couteau, la pièce se trouve
ainsi divisée en deux.

Ces parts se subdivisent elles-mêmes en plusieurs
morceaux.

Dinde en daube. — La dinde étant préparée, la
cuire dans une bonne braise (voir ce mot), ce
qui demande de trois à quatre heures, et quand
elle est cuite, la retirer et la servir masquée de sa
cuisson passée à travers un tamis de soie.

La dinde en daube peut se manger froide, alors
il faut passer avec grand soin la cuisson, qui tom-
bera en gelée, dont on entourera la dinde pour la
servir.

Galantine de dinde. — Après avoir vidé et
flambé la dinde, en avoir enlevé les pattes, les
ailerons et le cou pris sous la peau, la désosser.
Pour ce, fendre la peau dans toute la longueur du
dos et détacher des os toutes les parties charnues
en ayant grand soin de ne pas crever la peau, ôter
les nerfs des cuisses et les filets, puis enlever les
chairs de l'estomac et des cuisses et étaler la peau
de la dinde sur une table.

On devra préparer à l'avance une farce faite avec
moitié noix de veau et moité lard, le tout haché,
pilé et fortement assaisonné de gros lardons de
jambons et de langue de porc à l'écarlate, de cornichons entiers, de pistaches et de truffes, si on est
assez heureux pour en avoir.

Couper en filet les chairs enlevées à la bête, et
procéder ainsi.

Couvrir entièrement la peau de la dinde de trois centimètres de farce et étaler dessus : filets de dinde, lardons de jambon, lardons de langue à l'écarlate, filets de chair de dinde, cornichons, pistaches et truffes ; recouvrir de farce, et puis encore de lardons, etc., en suffisante quantité pour que la peau de la dinde, étant recousue, soit parfaitement remplie. La coudre alors et donner à la pièce une forme un peu allongée ; la couvrir de bardes de lard, puis la ficeler solidement dans un linge, de peur qu'elle ne se déforme ou ne crève; on la met alors à cuire dans une bonne braise, on la laisse refroidir dans son enveloppe dont on ne la débarrasse que pour la parer de gelée et de fleurs et la servir entourée de la gelée obtenue de sa cuisson passée et clarifiée.

Cuisses de dinde à la sauce Robert. — Pour reservir chaudes les cuisses d'un dinde rôti de la veille, il faut les inciser dans toute leur longueur, les saler, les poivrer, les griller à feu doux et les servir masquées d'une sauce Robert.

Capilotade de dinde. — Dépecer les restes d'une dinde cuite en broche, les mettre dans une sauce italienne (voir la recette), faire bouillir pendant quelques instants, dresser ensuite les morceaux de dinde, les masquer de la sauce et servir avec des croûtons de pain frits autour.

Abatis de dinde. — L'abatis traditionnel, c'est l'abatis de dinde. Ce mets, bien apprêté, jouit d'une considération distinguée.

Prendre les abatis, foie et gésier, d'un dindon, flambler les ailerons, la tête et le cou, fouler les pattes, nettoyer le gésier, le couper en quatre et rejeter la tête, laquelle donne un mauvais goût. Mettre dans une casserole 65 grammes de beurre et y faire revenir de tous côtés abatis, foie et gésier; couper 120 grammes de lard en quatre, le faire revenir aussi, puis retirer le tout et ne laisser que le beurre; ajouter une cuillerée de farine, faire roussir en belle couleur, mouiller avec deux verres d'eau; ajouter poivre, sel, thym, laurier, oignons piqués de clous de girofle, remettre les abatis et faire cuire deux heures.

On aura fait blanchir une douzaine de navets pendant un quart d'heure à l'eau bouillante, les égoutter, y ajouter des rouelles de carotte, des pommes de terre et un pied de céleri; mettre le tout dans le ragoût avec gros comme une noix de sucre; dégraisser et servir très chaud.

Abatis de dinde à la chipolata. — Échauder, éplucher et flamber les abatis; couper les cous en quatre morceaux; avoir soin de retirer les têtes, couper les ailerons en deux, les pattes en deux, les gésiers en quatre, et n'employer les foies que s'ils sont bien frais, ce qui est assez rare. Couper en très gros dés du petit lard choisi le plus maigre possible et les passer au beurre jusqu'à ce qu ils soient d'un beau blond. Tourner des navets de la grosseur d'un gros bouchon et les passer au beurre. Tourner de même des carottes presque cuites et les passer aussi au beurre avec un oignon coupé en rouelles; mettre le tout sur un plat. Passer, à leur tour, au beurre et jusqu'au rouge sans cependant les brûler, tous les morceaux d'abatis; lorsqu'ils sont ainsi colorés, y ajouter de la farine, puis remuer cinq minutes sur le feu, mouiller avec moitié bouillon, moitié eau et un peu d'eau-de-vie; remuer jusqu'au moment de l'ébullition; faire cuire à feu doux, ajouter le lard, les carottes, le bouquet de persil assaisonné; puis, une demi-heure avant de servir, ajouter les oignons, les navets, des saucisses *chipolata* et quelques beaux marrons grillés et épluchés. Laisser mijoter dix minutes, dégraisser et servir.

POULARDES, CHAPONS ET POULETS

Poularde ou chapon rôti. — Après avoir blanchi et troussé la bête, l'embrocher enveloppée d'une feuille de papier beurré que l'on enlève quelques instants avant sa cuisson parfaite pour lui faire prendre couleur, saupoudrer de sel, débrocher et dresser sur un plat pour servir entouré de cresson assaisonné d'un peu de sel et de quelques gouttes de vinaigre.

Chapon.

Le jus recueilli dans la lèchefrite se présente en même temps dans une saucière.

Pour cuire une poularde ou un chapon il faut :

A la broche avec un bon feu. . . . . 1 h. 15 m.
Dans une cuisinière avec coquille. . 1

Poulardes et chapons se servent sur le dos, pour les découper on les place sur le côté gauche, et, le couteau de la main droite, on passe la fourchette dans la jointure de la cuisse et on l'enfonce solidement. On fait glisser le couteau tout du long de la cuisse; on passe ensuite le couteau sous la fourchette à la jointure de la cuisse et on fait incliner la cuisse à gauche; par un mouvement brusque, la cuisse s'enlève naturellement. On peut diviser cette cuisse en deux ou trois : deux dans la jambe, le pilon troisième.

On passe la fourchette sous l'aileron, en l'enfonçant vigoureusement; on donne un coup de couteau, pour séparer l'aile dans la jointure et l'on continue à promener le couteau jusqu'au croupion, l'aile s'enlève alors sans peine.

On retourne l'animal et l'on fait la même opération de l'autre côté.

Les ailes se partagent en deux ou trois morceaux suivant leur grosseur.

Puis on enlève les filets et, si besoin est, on divise la carcasse.

Poulet rôti. — On procède comme pour les poulardes et les chapons.

Poule au pot. — Après avoir mis dans une marmite la viande convenable pour faire le pot-au-feu, après que ce dernier a été bien écumé, que les légumes et autres ingrédients y ont été déposés, ajouter la poule, vidée, flambée et troussée, et la laisser cuire doucement avec le reste; quand le pot-au-feu est fait, retirer la poule en même temps que la

viande et les légumes, et la servir après avoir semé
dessus un peu de sel.

Poule aux oignons. — Faire revenir dans le
beure du petit lard coupé en morceaux; quand il
est suffisamment coloré, le retirer et le déposer sur
une assiette; mettre ensuite, dans la même casserole, en y ajoutant du beurre, si cela est utile, la
poule vidée, flambée, etc. Quand elle est bien re-
venue et de belle couleur, l'enlever à son tour, et
faire, avec de la farine, un petit roux, mouiller avec
du bouillon.

Poule au riz. — Après l'avoir vidée, flambée et
lui avoir troussé les pattes en dedans, la brider, la
barder; faire blanchir environ 375 grammes de
beau riz et le mettre à égoutter dans une casserole
avec la poule, l'estomac en dessous; mouiller avec
du bouillon; couvrir et laisser cuire doucement, en
ayant soin de remuer de temps en temps la casserole.

Quand la poule est cuite, la dresser sur un plat;
dégraisser le riz, y ajouter un morceau de beurre,
un peu de sel et du gros poivre, et en masquer la
volaille.

Poulet rôti, pour entrée de broche. — Composer
une farce avec le foie haché du poulet, du lard
râpé, du persil et de la ciboule hachés, du jus ou du
beurre et un peu de zeste de citron; en remplir le
corps du poulet; le faire rôtir enveloppé de papier
beurré, pour qu'il ne se colore pas, et le servir sur
telle sauce qui convient.

Fricassée de poulets. — C'est un mets fondamental de notre cuisine française; une cuisinière ne peut apporter trop de soins à sa préparation. Après avoir flambé, épluché et vidé les poulets, les couper par morceaux, comme il est indiqué dans la figure ci-dessous, et les mettre à tremper dans de l'eau un peu tiède, pour les faire dégorger; les passer ensuite à l'eau froide et les faire égoutter. Même préparation pour les foies, après en avoir ôté l'amer, avoir fendu les gésiers, après avoir légèrement grillé les pattes, pour en enlever la peau, et en

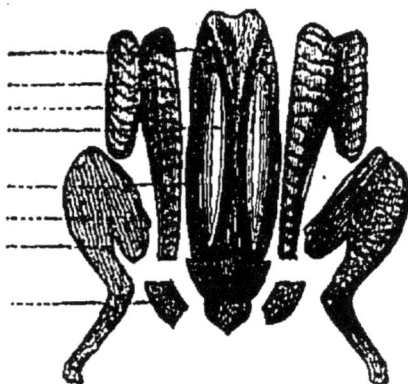

avoir coupé les ergots; enfin, les cous, dont on a supprimé la moitié de la tête. Passer le tout au beurre frais, sans laisser prendre couleur, saupoudrer de farine, donner un tour et mouiller avec du bouillon, en ajoutant oignons piqués de clous de girofle, crêtes, ris de veau, champignons, morilles, si on en a, bouquet, sel et poivre. Laisser mijoter; et, lorsque la cuisson est complète, lier convenablement avec jaunes d'œufs, crème et jus de citron. Pour servir, dresser les cuisses et les ailes en dessus et masquer avec la sauce. — Quelques écrevissos complètent l'ornement de cette excellente entrée.

Poulet sauté. — Sauter dans le beurre un poulet dépecé comme le précédent; ajouter un peu de farine; mouiller avec du bouillon et du vin blanc; mettre sel, poivre, persil et champignons hachés, laisser un peu bouillir; réduire la sauce; dégraisser et servir.

Poulets à l'estragon. — Après avoir épluché et vidé deux poulets, retroussé leurs pattes en dedans et leur avoir retiré le cou, les avoir bridés et couverts d'une barde de lard, les mettre dans une casserole avec un bouquet de persil, un oignon piqué, deux clous de girofle, un petit bouquet d'estragon, sel, poivre, et mouiller le tout avec moitié eau et moitié bouillon à niveau des poulets; placer au feu la casserole avec feu doux dessus et dessous, car les poulets ne doivent pas prendre de couleur, et laisser cuire pendant trois quarts d'heure ou une heure suivant que les poulets sont plus ou moins jeunes. Lorsqu'ils sont cuits, passer la cuisson, la dégraisser, ajouter 6 grammes de feuilles d'estragon et laisser prendre un seul bouillon; débrider; faire égoutter les poulets; les dresser sur un plat en les sauçant très légèrement et servir.

Le restant du jus, dans lequel on mettra une cuillerée à café de caramel, se sert dans une saucière.

Poulets aux petits pois. — Les couper par morceaux et les mettre à cuire dans une casserole avec des petits pois, beurre, persil; passer sur le feu;

puis ajouter un peu de farine; mouiller avec du bouillon et laisser réduire à courte sauce.

Poulet à la Marengo. — Dépecer un poulet comme s'il s'agissait d'une fricassée; le mettre dans une casserole avec de l'huile et du sel fin, les cuisses d'abord, et, cinq minutes après, les autres membres; le poulet doit prendre couleur et cuire dans cette huile; lorsqu'il est presque cuit, y ajouter un bouquet garni et, si l'on veut, des champignons tournés; quand le tout est cuit, dresser sur un plat: on aura fait chauffer de la sauce italienne dans laquelle peu à peu et en remuant toujours, on incorporera l'huile qui a servi à faire cuire le poulet, pour en masquer le poulet, qui sera dressé avec une garniture d'œufs frits ou de croûtons. On peut employer du beurre clarifié au lieu d'huile.

Poulets en marinade. — Les restes de poulets cuits à la broche s'accommodent parfaitement en marinade. Parer les restes de poulets et les partager en morceaux uniformes, les faire mariner dans un peu de bouillon, augmenté de vinaigre et assaisonné de sel, poivre et fines herbes. Après une heure, les égoutter, les essuyer, les tremper dans une pâte à frire, les frire de belle couleur et les servir garnis de persil frit.

Poulets en salade. — Les restes de poulets cuits en broche ayant, comme ci-dessus, été coupés en morceaux et parés, les mettre dans un saladier et les assaisonner comme une salade, ajoutant anchois, cornichons, fines herbes, le tout haché menu, les sauter quelque temps dans cet assaisonnement, puis les dresser en buisson sur un plat et les orner de cornichons, de quartiers d'œufs durs et de cœurs de laitues coupés en morceaux.

Pour faire au mieux, masquer le tout avec une sauce mayonnaise.

PAON

Paon. — La chair de ce magnifique oiseau est excellente, si on la mange alors qu'il n'est âgé que d'un an, c'est-à-dire qu'il ne faut manger que les paonneaux. Celle des paons adultes ou vieux est dure et sèche.

On ne mange les paons que cuits à la broche et bien piqués de lardons assaisonnés.

PINTADES

Pintades. — Lorsque la pintade est élevée en liberté dans un parc, sa chair égale en délicatesse celle du faisan. Elle est moins rare que les paonneaux, mais cependant on ne la sert pas autrement que bardée et rôtie; cependant braisée et mangée froide, elle a un certain mérite.

CANARDS

Canard ou caneton rôti. — Le canard étant flambé, retroussé, etc., le barder et le mettre à la broche en l'arrosant avec du bouillon très réduit et le servir avec le jus de la lèchefrite.

En supposant le canard un peu gros, il faut pour sa cuisson :

A la broche avec bon feu. . . . . 45 m.
A la cuisinière et feu de cheminée. . . . 35
A la cuisinière avec la coquille. 30

Les filets de canard sont la partie la plus délicate.

On les coupe par tranches longitudina- les, obliquant légè- rement le couteau en l'enfonçant jusqu'à l'os sur lequel il glisse.

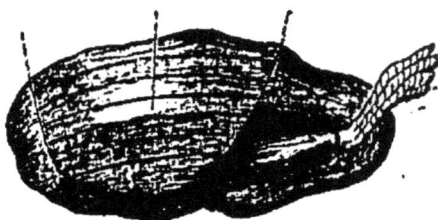

Canard rôti.

Les cuisses s'enlèvent comme celles du poulet ;

La cuisse de caneton est fort appréciée.

Canard aux navets. — Vider, blanchir, retour- ner et brider le canard, le placer dans une cas- serole avec un morceau de beurre et le faire re- venir jusqu'à ce qu'il ait une belle couleur, le retirer alors de la casserole et le placer à part sur un plat.

Dans la même casserole et le même beurre, pas- ser des navets tournés d'égale grosseur, et, lors- qu'ils commenceront à roussir, les saupoudrer avec une cuillerée de sucre en poudre, tout en les sau- tant. Quand ils auront belle couleur, les retirer comme on a fait du canard.

Faire un roux, toujours dans la même casserole, le mouiller avec du bouillon, l'assaisonner de sel, poivre, bouquet et y mettre à cuire le canard ; quand il est à moitié cuit, ajouter les navets.

Le tout étant cuit à point, retirer le bouquet, débrider le canard, le dresser sur un plat, l'entourer des navets, dégraisser la cuisson et en masquer le tout.

Canard aux petits pois. — Le canard étant préparé comme il est dit ci-dessus, couper en dés du petit lard et le faire revenir dans du beurre quand il est blond, ajouter de la farine et la laisser cuire un instant en remuant les lardons avec une cuiller de bois; mouiller avec du bouillon, ajouter bouquet garni, sel, poivre; puis mettre le canard et un litre de pois verts et laisser le tout cuire ensemble.

Pour servir, débrider le canard, le dresser sur un plat creux et verser les pois dessus.

Canard aux olives. — Il se prépare comme le canard aux navets que l'on remplace par des olives dont on retire le noyau ; on ne les fait point revenir et on ne laisse bouillir dans la sauce que cinq à six minutes.

Canard en salmis. — Les restes de canards cuits en broche se préparent en salmis. Parer les morceaux, mettre dans une casserole un verre de vin rouge, autant de bouillon, deux cuillerées d'huile d'olive, échalotes hachées ou entières, si on veut les retirer, faire bouillir et laisser réduire, placer les morceaux de canards dans cette sauce en les saupoudrant de chapelure de pain, et, dès qu'ils sont chauds, les servir après avoir exprimé dessus le jus d'un citron.

On peut remplacer l'huile par du beurre.

OIE

Oie rôtie. — L'oie étant pochée, vidée, épluchée, bridée et, si l'on veut, farcie de marrons préalablement grillés et mélangés à de la chair à saucisse, la mettre en broche, et avoir soin de l'arroser souvent; après cuisson,

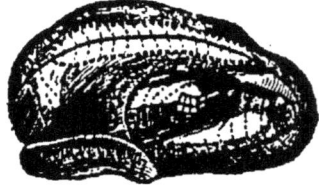

Oie rôtie.

la servir sur son jus, assaisonnée de sel, poivre et jus de citron.

Il faut pour faire cuire une oie grasse :

A la broche et devant la cheminée. . . 1 h. 15 m.
Cuisinière devant la cheminée. . . . . » 57
Cuisinière avec la coquille. . . . . . . » 40

Pour découper l'oie, on procède ainsi :

On commence par découper les filets dans leur longueur et verticalement; on détache ensuite la cuisse en la contournant; puis on enlève l'aile en coupant à la hauteur de l'articulation, qui est toujours indiquée par une légère dépression; la cuisse se divise en deux en coupant le joint qui la sépare du pilon.

Oie en daube. — Il faut une oie bien en chair : la piquer de lard; la remplir de marrons, si l'on veut; la mettre dans un braisière avec un morceau de jarret de veau, des carottes, des oignons, un bouquet; le tout couvert avec des bardes de lard; mouiller avec du bouillon et du vin blanc, en parties égales, et laisser cuire à feu doux; quand la cuisson est opérée, enlever l'oie; dégraisser le mouillement; le faire réduire au besoin, le passer au tamis.

Pour servir, dresser sur un plat l'oie complètement refroidie, et l'entourer de sa cuisson, qui sera tombée en gelée.

Oie à la choucroute. — Il faut choisir une oie bien jeune, car c'est une erreur de croire qu'une vieille volaille est bonne braisée; la pocher, la vider, l'éplucher, et la brider. — La veille, après avoir, avec grand soin, lavé trois fois à l'eau tiède, 2 kilogrammes de choucroute, afin de lui retirer l'âcreté, on l'aura mise au feu avec du bouillon très léger, 500 grammes de graisse de marmite, un gros oignon piqué de 4 clous de girofle, un bouquet de persil et laissé cuire huit heures à feu doux, c'est-à-dire à très petit bouillon, et on aura déposé cette choucroute dans une terrine. Le jour du dîner, à midi, remettre la choucroute au feu avec 3 hectos de petit lard de poitrine, le plus maigre possible, et un saucisson de deux hectos; lorsque le lard et le saucisson sont cuits, les retirer, les laisser refroidir; puis, couper le lard en morceaux carrés, de 5 centimètres sur 3, et le saucisson en rouelles d'un centimètre d'épaisseur, mettre ces morceaux dans un petit plat à sauter avec un peu de bouillon pour les faire chauffer au moment de les employer. Deux heures avant, il faut enterrer l'oie dans la choucroute et la recouvrir avec un papier double; si elle était cuite avant l'heure de servir, retirer le tout du feu, et tenir très chaudement. Pour dresser, retirer l'oie de la choucroute, la couvrir du papier ou d'une cloche, puis égouter la choucroute dans une passoire en la pressant, de manière qu'il n'y reste ni jus ni graisse. Faire un lit dans le fond du plat avec cette choucroute, placer l'oie dessus, mettre à l'entour les morceaux de lard et de saucisson, et servir très chaud.

PIGEONS

Pigeons en compote. — Les pigeons étant vidés, flambés, troussés, et leur cou coupé, faire revenir dans du beurre des petits oignons blancs en compagnie de petit lard débarrassé de sa couenne et de ses parties dures, puis coupé en dés; quand le tout aura acquis une belle couleur, retirer et remplacer par les pigeons, pour qu'à leur tour, ils prennent couleur; les retirer ensuite; faire un roux, le mouiller avec du bouillon, assaisonner de sel, poivre, bouquet garni, ajouter les pigeons, le lard, les oignons, et plus tard, quelques champignons blanchis, si on en a; quand tout est cuit, enlever le bouquet, débrider les pigeons, et servir.

Pigeons rôtis. — Après avoir vidé, flambé et bridé de beaux pigeons, les envelopper dans une feuille de vigne, si la saison le permet, puis d'une barde de lard et les mettre à la broche. Au bout d'une demi-heure, les servir sur leur jus ou du cresson.

Le pigeon se partage d'abord par le milieu, dans toute sa longueur,

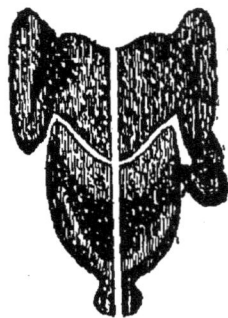

Pigeon rôti.

puis, chaque moitié se partage de façon à laisser une portion du filet avec chaque cuisse.

Pigeons à la crapaudine. — Les pigeons fendus en longueur par le dos, aplatis, salés et poivrés, sont trempés dans du beurre tiède, panés, puis mis à cuire sur le gril et servis avec une sauce piquante.

Pigeons aux petits pois. — Faire revenir les pigeons dans le beurre avec du petit lard coupé en morceaux; quand ils sont de belle couleur, ajouter une cuillerée de farine ; mouiller ensuite avec du bouillon ; ajouter un bouquet de persil, puis les pois. Faire cuire à feu doux, et, au moment de servir, additionner d'un peu de sucre en poudre.

Pigeons aux pointes d'asperges. — Procéder comme il est dit ci-dessus, seulement, au lieu de pois, employer les pointes d'asperges que l'on aura eu le soin de faire blanchir auparavant. Comme il faut moins de temps à cuire aux asperges qu'aux pigeons, ne les mettre que quand les pigeons sont presque cuits.

Pigeons frits. — Prendre des pigeonneaux de huit à dix jours, les flamber, leur laisser ailes, tête et pattes, et les mettre à cuire, dans du vin blanc avec beurre, bouquet garni, girofle, sel, gros poivre et muscade, les retirer, les égoutter, les essuyer, puis, les tremper dans une pâte à frire, pour les frire ensuite, et les servir avec du persil frit.

DU GIBIER

Sous la dénomination de gibier, sont compris les animaux qui peuvent servir à l'alimentation de l'homme et qui vivent à l'état sauvage, etc. Tels sont en nos climats, dans la classe des quadrupèdes mammifères, le cerf, le daim, le chamois, le chevreuil, le sanglier, le lièvre, le lapin, etc.; et, dans celle des oiseaux, les faisans, les perdrix et toute la famille des tétras, les bécasses, les pluviers, les vanneaux, les flammants, les râles, les poules d'eau, les canards sauvages, les sarcelles, etc.

C'est une erreur de croire qu'il faut manger le gibier corrompu; en cet état, il est nuisible à la santé; cet aliment est bien assez savoureux, mangé frais, sans qu'il soit nécessaire de recourir à la putréfaction.

CERF

Cerf. — Les cerfs ou biches âgés de plus de trois ans ont la chair coriace, on ne l'attendrit qu'en la laissant séjourner longtemps dans la marinade, mais s'ils sont jeunes, elle est délicate et mérite attention.

Cerf (filet de) rôti. — Après l'avoir paré, le piquer de menus lardons assaisonnés, le mettre à mariner avec du vin blanc, du vinaigre, un fort bouquet, oignons piqués, etc., pendant 48 heures et plus si besoin est; le retirer de la marinade, l'égoutter et le mettre en broche ; pendant la cuisson, l'arroser avec sa marinade et le servir sous une sauce poivrade augmentée du jus de la lèchefrite.

Rouelles de cerf à la Saint-Hubert. — Couper de la cuisse de cerf en gros morceaux, piquer les morceaux de gros lardons, les passer à la casserole, avec lard fondu ou beurre, mouiller avec moitié bouillon et moitié vin rouge, assaisonner de sel, poivre, bouquet garni, faire cuire à petit feu, lier ensuite avec un roux, ajouter un morceau de sucre, des cornichons, couper et servir.

Pour que ce ragoût, qui doit toujours être mangé par les vrais veneurs le lendemain de la Saint-Hubert, soit fait suivant la tradition, il faut y ajouter de beaux pruneaux de Tours qui cuiront en même temps que la venaison.

DAIM

Daim. — Le daim se traite comme le cerf; cependant la chair en est beaucoup plus grasse; aussi quand le ciel envoie la cuisse d'un daim bien gras, c'est-à-dire couverte de graisse, on peut la préparer à l'*anglaise* :

La désosser, la battre vigoureusement et la saupoudrer de sel fin ; faire une pâte très ferme avec farine, sel, œufs entiers et peu d'eau, et, après l'avoir laissé reposer une heure dans une serviette humide, l'abaisser de peu d'épaisseur, embrocher la venaison et l'envelopper entièrement de la pâte, qui pour cela, doit être d'un seul morceau, la souder en mouillant les bords et en les joignant l'un

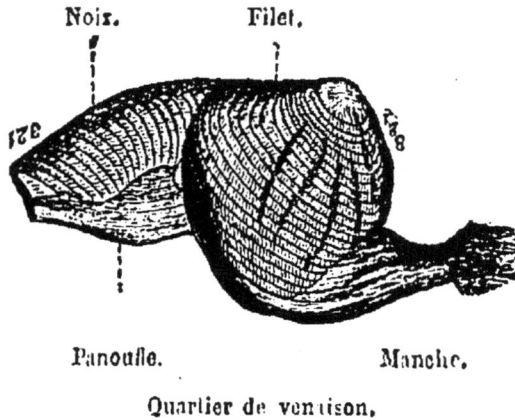

Quartier de venaison.

sur l'autre; cela fait, envelopper le tout d'une grande feuille de papier beurré. La cuisson terminée, enlever le papier, laisser prendre belle couleur à la pâte et servir avec une sauce poivrade et de la gelée de groseille. Ce mets n'est pas bien difficile à préparer et sort, chez nous, de l'ordinaire.

SANGLIER

Sanglier. — Les jeunes sangliers, dits *marcassins*, se mangent rôtis en broche; on les écorche, on les pique de lardons bien assaisonnés, et on les fait rôtir à feu clair. Les filets et les jambons du sanglier, quand il est jeune et de bonne nature, sont un bon manger, à la condition de les mariner quelques jours avant leur cuisson ; les côtelettes de sanglier sont fort estimées.

Côtelette de sanglier à la Saint-Hubert. — Les côtelettes étant coupées et parées, les assaisonner de poivre et de sel, et les sauter dans du beurre sur un feu vif; quand elles sont cuites, les dresser en couronne et les masquer d'une sauce italienne ou poivrade.

Sanglier au chasseur (filet de). — Parer, piquer et faire mariner, pendant deux jours au moins, un filet de sanglier, l'égoutter, et le mettre à cuire dans une casserole avec toute sorte de parures de viande, des bardes de lard, carottes, oignons, bouquet garni, sel, poivre, bouillon et vin blanc en même quantité. Lorsqu'il est cuit, le servir sur une sauce piquante.

CHEVREUIL

Chevreuil. — Le chevreuil se mange rôti, en civet, à différentes sauces et en pâté froid. C'est rôti que, bien mariné, piqué de lard fin, et cuit à point, il est préférable.

Gigot de chevreuil rôti. — Après l'avoir paré et piqué de lard fin, le faire mariner pendant cinq ou six heures avec de l'huile d'olive et du sel; le mettre ensuite à la broche et l'arroser avec sa marinade; au bout d'une heure de cuisson, débrocher et servir avec une sauce poivrade dans laquelle sera entrée une partie de la marinade du gigot. La sauce poivrade doit être servie à part dans une saucière.

Si on veut que le chevreuil ait un goût plus relevé, le faire mariner pendant deux jours avec de l'huile d'olive, du sel, des épices, des tranches

d'oignon et de citron, du thym et une demi-bouteille de bon vin rouge.

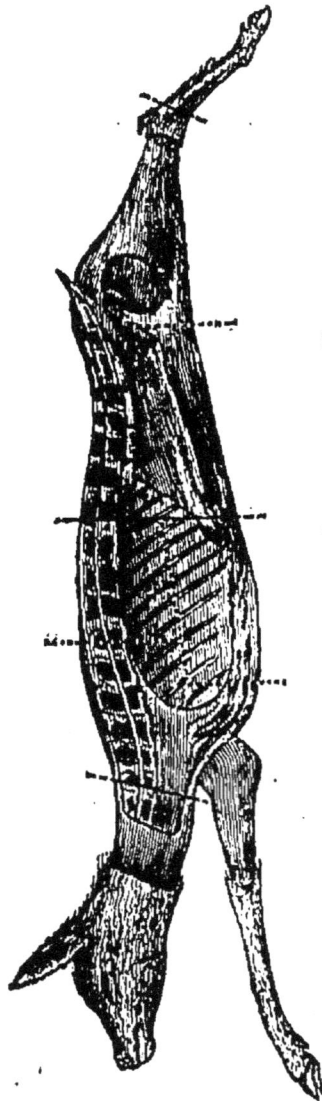

Depuis le jarret jusqu'à la
2ᵃ côte, quartier de chevreuil.

Cette partie seulement, côtelette de chevreuil.

Depuis la 2ᵉ côte jusqu'au
collier, devant de chevreuil.

Chevreuil.

Civet de chevreuil. — Couper en morceaux la poitrine ou l'épaule de chevreuil et du petit lard en
dés; passer le lard au beurre, puis le retirer; faire

un roux avec le même beurre, y passer les morceaux de chevreuil et le petit lard, mouiller avec vin rouge et bouillon par moitié, assaisonner de poivre, sel, bouquet garni, laisser bouillir et veiller à ce que rien ne s'attache, ajouter petits oignons passés au beurre et quelques champignons blanchis. Quand la cuisson est complète, dégraisser, dresser les morceaux de chevreuil sur un plat, masquer de la sauce et servir avec des croûtons frits disposés en cordons.

Côtelettes de chevreuil à la chasseur. — (Voyez *Côtelette de sanglier à la chasseur.*)

Émincé de chevreuil aux oignons. — Passer des oignons au beurre après les avoir coupés en rouelles, ajouter un peu de farine, laisser roussir, mouiller avec du bouillon et y faire chauffer des tranches de chevreuil rôti de la veille, coupées très minces et énervées avec soin.

L'*émincé* se réchauffe également dans une sauce poivrade.

LIÈVRE

Lièvre rôti. — Le lièvre ayant suffisamment été attendri, le dépouiller, le vider, le parer et le passer

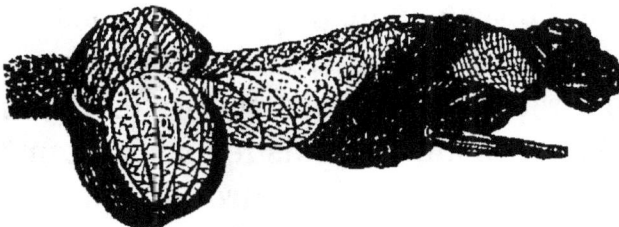

Lièvre en broche.

sur de la braise ardente pour raffermir la surface, afin de pouvoir piquer de fins lardons bien assaisonnés, depuis le cou jusqu'à l'extrémité des cuisses, le mettre ensuite à la broche et le laisser environ une heure et demie; le débrocher, et le servir avec une sauce poivrade dans laquelle on aura fait entrer le foie de l'animal écrasé et passé au tamis de crin. Les anciens accompagnaient ce rôti de gelée de groseille.

Si le lièvre est gros, il faut, pour le faire rôtir à la broche, devant la cheminée, 1 heure 30 minutes; dans la cuisinière et devant la cheminée, 1 heure 10 minutes; dans la cuisinière et la coquille, 1 heure.

Lièvre en civet. — Dépouiller, vider et couper en morceaux un lièvre entier, ou seulement son train de devant, passer au beurre dans une grande casserole du petit lard coupé en dés; quand il est blond, mettre les morceaux de lièvre dans la casserole et les faire sauter à feu vif, pour qu'ils rissolent, saupoudrer de farine et remuer encore un instant, puis mouiller avec une bouteille de vin et moitié de cette quantité de bouillon; assaisonner de poivre, épices, bouquet garni, oignons piqués, et laisser cuire doucement pendant deux ou trois heures. Pendant ce temps, passer au beurre un litre de petits oignons; quand ils sont bien roux, les saupoudrer d'un peu de sucre; les mouiller avec un peu de bouillon, puis les laisser tomber à glace; blanchir également et cuire quelques champignons. Lorsque la cuisson du lièvre est complète,

retirer l'oignon piqué et le bouquet, détacher les
petits oignons avec un peu de bouillon, les mélanger au civet ainsi que les champignons, et servir
chaud.

On peut, si l'on veut, lier la sauce avec le sang
du lièvre, que l'on aura conservé et mis à part.
C'est au moment de servir qu'il faut incorporer ce
sang à la sauce, en y ajoutant quelques petits morceaux de beurre, et remuant toujours, comme pour
une liaison d'œufs.

Lièvre en daube. — Désosser un lièvre, puis briser tous les os et la tête, y joindre un jarret de veau
coupé en morceaux, carottes et oignons, et cuire
le tout à petit feu dans du bouillon et du vin blanc,
avec sel, poivre, bouquet garni, clous de girofle. Au
bout d'une heure et demie, passer ce jus.

Foncer de bardes de lard une terrine de faïence
allant au feu; mettre dans cette terrine la chair du
lièvre, en ayant soin de l'entremêler d'émincés de
petit lard et de rouelle de veau; ajouter sel, poivre
et épices; mouiller avec le jus obtenu des os, couvrir de bardes de lard; faire cuire à feu doux et
ne servir la terrine qu'après qu'elle est bien refroidie.

Il y a encore une foule de manières d'apprêter
les lièvres et les levrauts, ainsi que leurs filets,
dont on fait des escalopes, des quenelles, des gâteaux, des pâtés, des purées, des soufflés, des sautés, etc.

LAPIN

Lapin. — Pour reconnaître si un lapin est jeune (lapereau), on tâte le dehors des pattes de devant au-dessus de la jointure, et, si l'on sent une saillie semblable à une lentille, c'est une preuve que l'animal est parfaitement jeune.

Les vieux lapins sont coriaces, ne nous occupons que des lapereaux.

Lapereaux rôtis. — Dépouiller et vider les lapereaux, mais en y laissant le foie, les passer sur de la braise ardente, les piquer sur le dos de fins lardons assaisonnés, et les embrocher. Après vingt-cinq minutes, s'assurer de la cuisson, débrocher, enlever les ficelles, et les servir placés sur le plat, du côté du ventre, en les accompagnant d'une sauce poivrade.

Gibelotte de lapereaux. — Dépouiller, vider et découper les lapereaux en morceaux de quatre à cinq centimètres, faire revenir du petit lard dessalé et coupé en dés dans une casserole; dès qu'il est blond, le retirer et le placer sur une assiette, le remplacer par les morceaux de lapereaux et les faire sauter pendant sept à huit minutes; saupoudrer de farine tout en remuant, ajouter le lard, du vin blanc et du bouillon par moitié, sel, poivre, bouquet garni; laisser cuire ving-cinq minutes, ajouter des champignons blanchis et cuits, laisser mijoter encore quelques instants, retirer le bouquet et servir.

Lapereau sauté. — Le lapereau étant préparé comme pour la gibelotte, mettre dans un plat à sauter beurre, un peu d'huile d'olive, sel, poivre, épices, faire chauffer, ajouter les morceaux de lapereau, les sauter à feu vif pendant vingt minutes; après ce temps les saupoudrer de farine en continuant à les sauter, mouiller avec vin blanc et bouillon, ajouter échalotes et persil haché, laisser jeter un bouillon ou deux, et servir.

Lapereaux à la sauce tomates. — Couper et parer des restes de lapereaux cuits en broche, les aplatir; puis, les passer dans des œufs battus, leur faire prendre belle couleur dans du beurre fondu, et les servir sur une sauce tomates.

COQ DE BRUYÈRE

Coq de bruyère. — Superbe gibier qui, en France, se trouve dans les Vosges, dans les Ardennes et dans quelques coins des montagnes de l'Auvergne.

Les coqs et poules de bruyère sont également un excellent gibier, et on les mange dans leur première année, leur tendreté est alors extrême et le rôti flatte l'œil et le palais. C'est en octobre qu'on a les meilleurs.

Le coq est la poule de bruyère ne se servent que piqués de toutes parts et rôtis en broche.

OUTARDE

Outarde. — L'outarde, jeune et bien mortifiée, est

un manger délicat et recherché ; cet oiseau réunit le goût de plusieurs gibiers ; beaucoup de personnes en préfèrent les cuisses aux ailes.

On mange l'outarde rôtie, et on lui fait subir les mêmes préparations qu'au grand coq des bois, à la poule de bruyère, etc. ; on en fait aussi des pâtés froids dans lesquels il ne faut point négliger de mettre du lard en certaine quantité, la chair de l'outarde étant assez sèche de sa nature.

Une belle outarde rôtie est un plat fort distingué.

Il est regrettable que l'on ait pas pu, jusqu'à ce jour, amener cet oiseau à vivre à l'état domestique dans nos basses-cours.

On nomme outardeau le petit de l'outarde.

La grande outarde est aujourd'hui assez rare dans nos pays, mais la petite, l'*outarde canepetière*, y est assez commune, elle se prépare comme la perdrix.

FAISAN

Faisan. — La chair du faisan est délicate.

On mange le faisan rôti, cuit à la braise, en filets sautés, en escalopes, en salmis, etc. ; il entre

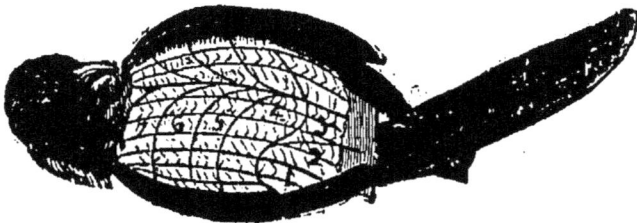

Faisan.

encore dans la composition des pâtés froids de gibier.

La chair du mâle est préférée à celle de la femelle ; celle du faisandeau, ou jeune faisan, est encore plus délicate.

L'étymologie du mot faisander annonce assez que le faisan doit être attendu, car naturellement il est un peu coriace. Arrivé à son point, on le plume, on le vide et l'on coupe la tête, les ailes et la queue en plume, pour en entourer l'oiseau quand on le met sur la table ; pour le cuire, on l'enveloppe d'un fort papier beurré, et on le met à la broche, où il doit rester quarante-cinq minutes devant un bon feu ; trente-cinq minutes, si on emploie la cuisinière ; pendant qu'il est à la broche, on l'arrose avec du beurre mêlé d'une cuillerée de vin blanc sec ; on met dans la lèchefrite huit ou dix rondelettes de mie de pain beurrées et grillées, et l'on sert avec des tranches de citron.

Le faisan se sert sur le dos, la tête avec les plumes au col, les ailes et la queue se rapportent avant de servir ; on le découpe comme la poularde et les morceaux se servent dans le même ordre.

Salmis de faisan. — Couper en morceaux et parer les restes d'un faisan cuit à point et refroidi ; mettre les parures et le foie bien écrasé dans une casserole, avec du bouillon, un peu de vin blanc, quelques échalotes, sel, poivre et muscade ; faire bouillir cette sauce environ un quart d'heure, la passer au tamis, y chauffer les morceaux de faisan, et les servir garnis de croûtons frits.

GÉLINOTTE

Gélinotte. — Sorte de poule sauvage qui se trouve en nos pays, surtout dans les Vosges.

La gélinotte se cuit seulement en broche, soigneusement bardée de lard et sans être trop attendue. C'est un manger délicieux.

PERDRIX

Perdrix ou *perdreaux rôtis.* — Après les avoir flambés, troussés, etc., les envelopper dans une feuille de vigne, si on en a, et mettre par-dessus

Perdreau.

une barde de lard; les embrocher et les cuire à feu doux. Au bout d'une demi-heure, débrocher et servir avec un citron.

Il faut pour faire rôtir la perdrix :

A la broche devant la cheminée. . . . . 25 m.
En cuisinière et feu de cheminée. . . . 20
En cuisinière et coquille. 15

On la découpe en enlevant d'abord la cuisse comme au poulet, puis on partage le filet perpendiculairement et de manière à trancher l'articulation de l'épaule. On les sert ainsi en cinq morceaux : les deux cuisses, les deux ailes avec une partie du filet, puis le milieu.

Perdrix à l'estoufade. — Après avoir vidé, flambé, troussé les perdrix, les pattes en dedans, les piquer de lardons assaisonnés de sel et de poivre, et les mettre dans une casserole avec oignons, carottes, bardes de lard, bouquet garni, du bouillon et du vin blanc ; faire cuire à feu doux et servir avec le fond de cuisson dégraissé, réduit et passé au tamis.

Perdrix aux choux. — Plumer, vider, flamber, trousser et brider les perdrix.

Blanchir des choux, les faire dégorger, les égoutter et en retirer les trognons ; blanchir du petit lard maigre de poitrine et des carottes.

Faire un roux dans une grande casserole; puis, disposer, dans ladite casserole, les choux coupés par quartiers, le petit lard, du saucisson cru, les carottes, un bouquet garni, un oignon piqué, le tout assaisonné de sel et de poivre.

Enterrer les perdrix dans le milieu des choux, les couvrir de graisse de pot-au-feu, fermer la casserole et les laisser cuire à petit feu. Quand les perdrix sont cuites, les retirer, ainsi que le lard et le saucisson, et, à grand feu, dessécher les choux, c'est-à-dire les tourner jusqu'à ce qu'ils ne contiennent plus de liquide.

Débarder alors les perdrix, les dresser dans un

plat sur un lit de choux, le dos en dessous, couper
lard et saucisson en morceaux, tailler les carottes,
et, du tout, orner de son mieux les perdrix. On
sert en même temps une sauce faite d'un roux
détendu avec de très bon bouillon réduit.

BÉCASSE

Bécasses rôties. La bécasse ne se vide pas. On a
dit que, quand elle était rôtie, la cuisse en était le
morceau le plus délicat et que, si on
l'accommodait en ragoût, c'était l'aile.
A chacun de vérifier ce fait.

Pour rôtir des bécasses, il faut d'a-
bord les plumer, flamber, éplucher ;
leur enlever la peau de la tête, les
trousser et les brider, les embrocher
ensuite à l'aide d'un hâtelet et les laisser vingt-cinq minutes environ devant le feu.

Bécasse rôtie.

Pendant la cuisson, placer, sous chaque bécasse, une tranche de pain grillée et beurrée, pour
recevoir tout ce qui s'échappera de leurs corps.

Pour servir, dresser chaque bécasse sur un croûton et les présenter avec des citrons.

On trousse la bécasse en croisant les pattes et en
ramenant la tête vers les cuisses ; on les traverse
obliquement avec le bec pour les maintenir ; on
dépèce la pièce en coupant la tête et le bout des
pattes, puis on détache la cuisse, on coupe le filet
avec l'aile, pour en faire cinq morceaux, selon la
figure ci-jointe.

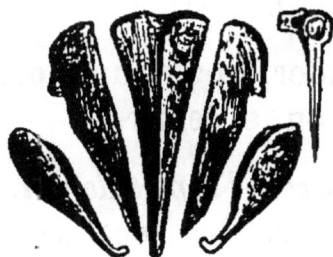

Bécasse découpée.

Bécasses en salmis. — Couper en morceaux des bécasses rôties et refroidies, en enlever la peau comme il est indiqué ci-dessus, ou parer les restes et déposer les morceaux parés dans un sautoir.

Hacher menu les débris et la peau, faire un roux dans une casserole, le mouiller de vin blanc et de bouillon, y placer les débris avec sel, poivre, échalotes hachées, bouquet garni, clous de girofle, laisser réduire de moitié ; puis, passer cette sauce et la verser sur les morceaux de bécasses.

Placer le sautoir sur le feu, laisser chauffer sans bouillir, puis dresser les morceaux en rocher, les garnir de croûtes de pain frit et masquer le tout avec la sauce.

Ce salmis se peut manger froid; quand il est dressé, le laisser refroidir, puis, au moment de le servir, le garnir d'une bordure de gelée.

Bécasses en salmis au chasseur. — Les morceaux disposés comme ci-dessus, placer dans une casserole deux bonnes cuillerées d'huile d'olive, ajouter un verre de vin rouge, sel, poivre, échalote et persil hachés et les débris de bécasses.

Faire jeter quelques bouillons, passer la sauce, y placer les morceaux, saupoudrer de chapelure de pain, laisser chauffer, ajouter un morceau de beurre fin, un jus de citron, et servir.

Salmis de bécasses à l'esprit-de-vin. — Il se prépare à table. Découper les bécasses rôties et brûlantes dans un plat de métal placé sur un réchaud à l'esprit-de-vin; ajouter sel, poivre, échalotes hachées, vin blanc, jus de citron et un peu de beurre; saupoudrer avec de la chapelure de pain, laisser bouillir quelques minutes en retournant les membres, et servir.

BÉCASSINE

Bécassine rôtie. — On trousse la bécassine comme la bécasse; on peut aussi enfoncer le bec dans la poitrine et attacher les pattes comme on fait pour le poulet.

On dépèce en tranchant la tête, et on partage l'oiseau en deux parties égales par la longueur.

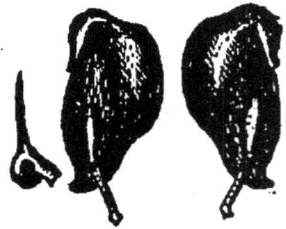
Bécassine rôtie.

La bécassine se traite en tout exactement comme la bécasse.

CAILLE

Cailles rôties. — Après les avoir plumées et vidées, les envelopper d'une feuille de vigne, d'une tranche de lard très mince, le tout arrangé de ma-

nière à ce qu'il ne reste à découvert que la moitié
des pattes, puis les embrocher dans un hâtelet fixé
à une broche; il ne faut pas les laisser au feu plus
de vingt minutes.

Cailles aux petits pois. — Trousser les cailles, les
mettre dans une casserole foncée avec une tranche
de veau et une tranche de jambon; ajouter carottes,
oignons, bouquet; couvrir le tout avec des bardes
de lard et un rond de papier, et les cuire feu dessus, feu dessous; les servir masquées de petits
pois verts, cuits au gras.

Cailles aux laitues. — Après les avoir parées,
les mettre dans une casserole foncée de tranches
de lard et de jambon; ajouter de petits morceaux de
rouelle de veau coupés en dés, un clou de girofle,
un oignon, un peu de laurier, un bouquet de persil
et de ciboules, une carotte; mouiller avec du bouillon et un peu de vin blanc; couvrir avec des bardes
de lard et un rond de papier; lorsque les cailles
sont cuites, les servir alternées avec des cœurs
de laitues blanchis et sautés dans la cuisson des
cailles.

RALE

Les deux espèces que l'on mange le plus com-
munément, dans notre pays, sont le *râle de genêt*,
et le *râle d'eau.*

Le premier ne se mange guère que rôti, enveloppé dans du papier beurré; le second reçoit les
mêmes préparations culinaires que les bécassines.

La chair du râle de genêt est plus savoureuse que celle du râle d'eau.

Le râle de genêt a, dans son goût, quelque chose de plus agréable et de plus délicat que la perdrix.

La chair du râle d'eau est moins estimée que celle du râle de genêt.

Ces deux espèces de râles s'apprêtent comme les canards; mais, quoiqu'on puisse en faire plusieurs sortes d'entrées, le râle de genêt se sert plus souvent à la broche que de toute autre manière.

CANARD SAUVAGE

Canard sauvage. — La chair agréable et succulente du canard sauvage forme un manger beaucoup plus savoureux que celle du canard domestique; il subit les mêmes préparations que lui, mais c'est le traiter au-dessous de sa valeur que de le manger autrement qu'à la broche, où il conserve tout son fumet, sans rien perdre de ses autres qualités.

Les restes de canards sauvages rôtis se préparent comme ceux de bécasses. (Voir ce mot.)

Albran. — C'est le nom qu'on donne au canard sauvage à l'état d'enfance; il prend celui de canardeau dans son adolescence, et de canard sauvage dans sa maturité. Son évolution rapide fait qu'albran en août, canardeau en septembre, octobre le voit canard.

L'albran, bien troussé et passé à la casserole avec champignons et culs d'artichauts, est un manger assez délicat. Il se sert aussi en ragoût d'olives, et même aux navets.

Albran à la broche. — On le sert sur des rôties, arrosé de son jus aromatisé de poivre.

SARCELLES

La sarcelle se mange indifféremment en maigre comme en gras. Sa chair est savoureuse ; on la mange aux olives, aux navets, en pâté, et même en terrine.

Sarcelles rôties. — Procéder comme pour les canards. (Voyez ce mot.)

Sarcelles aux olives. — Faire revenir les sarcelles dans leur graisse et les cuire ensuite à la broche ou dans une bonne braise. Tourner des olives, les faire tremper dans de l'eau fraîche, les égoutter ensuite, les mettre à mijoter dans du bouillon réduit, et servir les sarcelles sur les olives.

MACREUSE

Macreuse. — Sa chair, noire, maigre, dure, d'un goût sauvage, constitue un aliment assez mauvais ; cependant il en est qui l'aiment. La macreuse noire doit se manger de préférence à la grise, que l'on nomme *bizette*.

La macreuse est regardée comme aliment maigre et s'emploie aux jours d'abstinence religieuse.

Le meilleur parti à en tirer est de la faire cuire pendant quatre ou cinq heures à très petit feu, avec du vin blanc, du beurre, des fines herbes, sel et gros poivre, clous de girofle et laurier; on y ajoute une sauce au beurre dans laquelle on fait entrer du vinaigre à l'estragon.

Macreuse rôtie. — On peut encore manger la macreuse en la faisant cuire à la broche après avoir rempli le corps avec une pâte faite de mie de pain assaisonnée de sel, poivre, girofle, feuilles de laurier, thym, persil, beurre frais manié de jaunes d'œufs et de sauge.

On fait encore, avec la macreuse, des terrines, des pâtés maigres dans lesquelles on ajoute de l'anguille.

Macreuse au chocolat. — Après avoir vidé la macreuse, la laver dans de l'eau-de-vie et la faire revenir sur la braise; la cuire ensuite dans un vase de terre avec addition de vin blanc, sel, poivre, laurier et fines herbes. On a du chocolat préparé à la manière ordinaire, on le verse sur la macreuse, et on sert.

PLUVIER

Le pluvier doré (excellent lorsqu'il gèle) se mange à la braise et à la broche; c'est de cette dernière façon qu'il est préférable.

Pluviers rôtis. — Plumer, flamber et trousser les pluviers sans les vider. Les barder et les envelopper de papier beurré, puis les mettre à la broche avec des rôties de pain grillé ; les servir sur ces rôties.

Pluviers au gratin. — Vider et flamber les pluviers, faire une farce avec leurs intestins, du lard râpé, de la mie de pain, poivre, sel, persil, échalotes ; en mettre une partie dans le corps des pluviers, et garnir de l'autre le bord d'un plat, pour les y placer ; couvrir l'estomac des pluviers avec des bardes de lard ; les faire cuire à feu modéré dessous, feu plus ardent dessus ; lorsqu'ils sont cuits, dégraisser et servir en les masquant avec une sauce italienne rousse.

Pluviers braisés. — Les pluviers étant plumés, vidés, etc., les cuire dans une bonne braise ; lorsqu'ils seront suffisamment cuits, dégraisser la sauce, la passer au tamis, et servir les oiseaux dessus.

VANNEAU

Vanneau. — La chair des vanneaux, jeunes et gras, est fort estimée.

Le vanneau ne se vide pas plus que le pluvier ; on le mange, le plus ordinairement, rôti et servi sur des tranches de mie de pain frites dans le beurre et laissées dans la lèchefrite pendant la cuisson du vanneau, qui les arrose de son jus ; il se prépare en tout comme le pluvier avec lequel on le mêle souvent.

Les œufs de vanneau sont excellents et fort recherchés.

GUIGNARD

Le guignard est une espèce de pluvier de la grosseur d'un merle. La chair du guignard est délicate. Le guignard subit les mêmes préparations que le pluvier, mais il sert de plus à faire d'excellents pâtés.

Le guignard est un oiseau de passage qui se montre de septembre à octobre; on le mange, généralement, cuit à la broche.

GRIVE

Grives. — Il en est de deux sortes : la grosse grive, dite de genièvre, dont elle mange les baies, et la petite, dite grive de vigne, fort friande de raisin.

Grives rôties. — On ne les vide pas. Après les avoir plumées, flambées, et leur avoir introduit quelques grains de genièvre dans le corps, si ce sont des grosses grives, les envelopper d'une feuille de vigne, puis d'une barde de lard et les faire cuire en broche avec des croûtons de pain grillés et beurrés en-dessus.

Les servir sur ces mêmes croûtons.

Grives en salmis (Voir *Alouettes en salmis*). — Elles se préparent de même.

MERLE

Merles. — Les merles se préparent et s'accommodent de la même manière que les grives.

ÉTOURNEAUX

Étourneaux. — Les étourneaux se préparent également comme les merles et les grives; il faut les vider avec soin.

ALOUETTES

Alouettes à la minute. — Les sauter dans du beurre, en y ajoutant un peu de sel; lorsqu'elles sont de belle couleur, y joindre du vin blanc, du bouillon, des champignons, des échalotes et du persil, le tout bien haché; faire jeter quelques bouillons et servir avec une garniture de croûtons frits.

Alouettes rôties. — Les plumer, les flamber sans les vider, les envelopper chacune dans une barde de lard frais, les embrocher au moyen d'un hâtelet, les fixer par les extrémités à la broche; les faire cuire à feu clair et vif pendant vingt minutes, et les servir sur des rôties beurrées mises dans la lèchefrite, pendant la cuisson, pour recevoir le jus des alouettes.

Alouettes.

Alouettes au chasseur. — Après avoir fait revenir dans une casserole des tranches de lard de poitrine et des petites saucisses, y joindre les alouettes et des champignons; saupoudrer le tout d'un peu de farine, mouiller avec du vin, assaisonner convenablement, et servir après avoir dégraissé la sauce.

Alouettes en salmis. — On traite ainsi le plus souvent celles qu'on a desservies de la table. Leur ôter les têtes et ce qu'elles ont dans le corps; jeter les gésiers, et piler tout le reste avec les rôties, délayer avec un peu de bouillon, passer à l'étamine et assaisonner ce petit coulis de sel, gros poivre, laisser chauffer les alouettes sans qu'elles bouillent, et les servir garnies de croûtons frits avec un jus de citron.

Pour trousser l'alouette, on passe la cuisse gauche dans l'espèce d'anneau formé par la partie inférieure du bec, on entre-croise les pattes et on ramène chacune d'elles près de la naissance de la cuisse.

BEC-FIGUES

Bec-figues. — Le bec-figues est un mets fort délicat; il se mange rôti; on le met sur un hâtelet après qu'on l'a enveloppé de feuilles de vigne; pendant la cuisson, on les saupoudre de râpures de croûtes de pain mêlées d'un peu de sel, et on les mange avec de la mignonnette ou du poivre blanc.

Ortolan. — Oiseau célèbre par la délicatesse de sa chair.

A moins d'habiter les champs, bec-figues et ortolans ne sont pas mets de petits ménages.

On mange les ortolans cuits à la broche, à la manière des autres petits oiseaux; il faut environ un quart d'heure pour leur parfaite cuisson.

POISSONS DE MER

DU TURBOT

Choix du turbot. — Ce poisson, pour être bon, doit être épais, plein et avoir le ventre d'un jaune blanchâtre; si, au contraire, la couleur du ventre est bleuâtre, le turbot n'est point frais et doit être rejeté.

Préparation.

Turbot à la sauce blanche. — Pour préparer un turbot en entier, le vider et, après l'avoir bien lavé, le placer dans une turbotière avec de l'eau salée, l'y laisser une heure, puis mettre la turbotière sur le feu; aussitôt que l'ébullition commence, retirer la turbotière et laisser s'achever la cuisson sans bouillir davantage; couvrir le turbot d'une feuille de papier beurré et le laisser dans son assaisonnement; pour le servir, l'égoutter; le poser sur un plat garni d'une serviette; placer sur le milieu du plat et sous la serviette une botte de persil pour faire bomber le milieu du turbot;

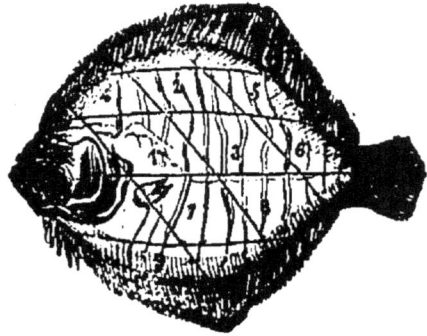

Turbot sur sa planche.

l'entourer de persil, et le servir accompagné d'une sauce blanche aux câpres, et de pommes de terre cuites à l'eau.

On peut servir encore le turbot avec une sauce à la hollandaise, une sauce aux huîtres, une sauce aux tomates, une sauce blanche au raifort épicé ou une sauce au homard, ou aux crevettes.

Pour diviser un turbot entier, on commence par tracer perpendiculairement la ligne du milieu jusqu'à l'arête; on divise chaque moitié du dessus par portions.

Lorsqu'on veut le servir à un plus grand nombre de personnes, on enlève l'arête et on opère pour le dessous comme pour le dessus. Souvent, dans les petits ménages, on n'a pas de plat suffisamment grand pour servir un turbot, on y supplée en employant une planche sur deux traverses que l'on recouvre d'une serviette (voir le dessin ci-dessus).

Turbot à la béchamel. — Lever les chairs d'un turbot de desserte, et, après les avoir parées et

14

chauffées dans la cuisson, les dresser sur un plat et verser dessus une sauce béchamel.

BARBUE

La bonté d'une barbue se juge comme celle du turbot, et la préparation en est la même.

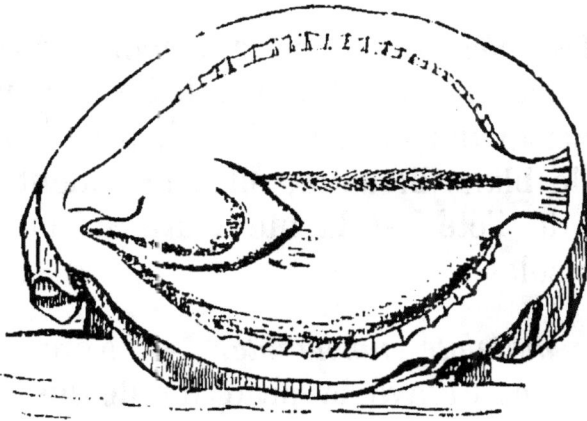

Barbue.

Barbue à la sauce blanche. — (Voyez *Turbot à la sauce blanche.*)

Barbue à la béchamel. — (Voyez *Turbot à la béchamel.*)

Barbue marinée. — Après l'avoir nettoyée et vidée, lui faire quelques incisions sur le dos pour qu'elle puisse être bien pénétrée par la marinade, qui sera composée de vinaigre, de sel, poivre, ciboules, laurier, citron, et l'y laisser pendant deux heures. Au bout de ce temps, passer la barbue dans de la mie de pain trempée dans du beurre fondu, et, après l'avoir saupoudrée d'un peu de sel, la cuire au four ou sous un four de campagne. La servir sous une purée d'oseille ou de tomates.

Barbue à la provençale. — Enlever les chairs d'une barbue de desserte, les parer et les servir avec une sauce aux anchois.

SOLE

Choix des soles. — Il les faut choisir épaisses et fermes, avec le ventre d'une belle couleur de crème; mais quand elles sont molles ou qu'elles tirent sur le blanc bleuâtre, elles ne valent rien. Le milieu de l'été est la meilleure saison pour manger les soles.

Sole en matelote normande. — Après avoir vidé, écaillé et enlevé la peau de dessus d'une belle sole, foncer un plat pouvant aller au feu avec des morceaux de beurre frais, du persil, des tranches d'oignons très minces, et la mettre par-dessus; ajouter une demi-bouteille de bon cidre mousseux ou de vin blanc, une douzaine d'huîtres, une douzaine de moules bien épluchées, et des queues de crevettes grises; faire cuire sur un feu doux; arroser de temps en temps le poisson avec le mouillement, et, quand il est cuit et la sauce suffisamment réduite, le servir.

Soles à la parisienne. — Vider et nettoyer les soles, leur couper la tête et la queue; les placer dans une casserole à sauter; semer dessus du persil et de la ciboule hachés, sel, poivre et muscade râpée; verser sur le tout du beurre tiède, cuire sur un feu assez ardent, remuer et retourner les soles, et veiller à ce qu'elles ne s'attachent pas; quand elles sont cuites, les dresser sur un plat et masquer avec une sauce italienne.

Soles au gratin. — Dans un plat allant au feu, verser du beurre tiède; ajouter sel, poivre et muscade râpée, champignons et persil haché; poser les soles sur le tout; les couvrir des mêmes ingrédients, remettre encore du beurre; mouiller avec du vin et du bouillon, autant de l'un que de l'autre; saupoudrer de chapelure; arroser le tout avec du beurre tiède; mettre le plat sur un feu doux; le couvrir d'un four de campagne avec bon feu dessus; quand le poisson est cuit, le servir dans le même plat.

Filets de soles à la Orly. — Détacher les filets des soles, les mariner dans du jus de citron, du sel et du gros poivre; les fariner; les faire frire; les égoutter; les dresser, et les servir avec une sauce tomates.

Sole frite. — Préparer la sole comme pour la matelote normande, l'inciser dans sa longueur sur le dos jusqu'à l'arête et détacher un peu les filets de chaque côté, la passer dans du beurre tiède, puis dans de la farine, la frire de belle couleur, et la servir avec du citron.

RAIE

Si la raie est trop fraîche, sa chair est coriace;

si elle est avancée, son goût est fort désagréable :
c'est par l'odeur qu'on reconnaît le vrai moment de
la manger.

Raie à la Sainte-Menehould. — Faire cuire à
petit feu une ou deux ailes de raie dans la composition suivante : du lait, du beurre manié de farine,
des racines de persil, un bouquet garni, des
tranches d'oignons, une gousse d'ail, et une bonne
pincée des quatre épices ; remuer toujours jusqu'à
ce que cette préparation soit entrée en ébullition ;
après quoi, y mettre la
raie. Quand elle est cuite,
l'égoutter, enlever la peau
des deux côtés, la parer,
la tremper dans du beurre
tiède ; la paner ; recom-
mencer une seconde fois
cette opération et de la
même manière, puis la

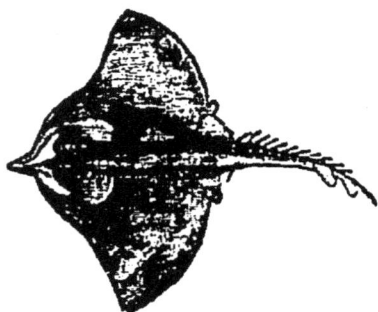

Raie

griller à feu doux, et la servir sur une sauce Robert
ou une rémoulade.

Raie à la sauce blanche. — Laver la raie et la
faire cuire dans de l'eau salée avec un peu de
vinaigre et quelques oignons coupés en tranches ;
il faut qu'elle ne jette que deux ou trois bouillons
pour être cuite à point. Le foie ne demande que
deux ou trois minutes de cuisson dans l'eau bouillante. Retirer la raie, enlever la peau des deux
côtés et la parer, la faire chauffer dans la cuisson
passée au tamis, puis la placer sur un plat et verser

dessus une sauce blanche aux câpres, faite comme il est indiqué au mot *Sauce blanche*.

Raie au beurre noir. — Après l'avoir fait cuire comme la précédente, la masquer d'une sauce au beurre noir, et ajouter une garniture de persil frit. — (Voyez *Sauce au beurre noir*.)

Raie frite. — Couper la raie en filets, auxquels on laisse les arêtes; faire mariner ces filets avec du vinaigre, des oignons en tranches, des branches de persil, des fines herbes, des ciboules, une pointe d'ail, des clous de girofle, du sel, du poivre, et du beurre manié de farine; faire tiédir cette marinade, afin que le beurre puisse fondre, et y laisser les filets pendant quatre heures environ; au bout de ce temps, les faire frire à feu ardent, et les servir garnis de persil frit.

ANGE

L'ange est une sorte de raie, mais de qualité inférieure.

Sa préparation est la même que celle de la raie.

THON

Le thon abonde dans la mer Méditerranée, et nulle part il n'est meilleur.

Celui qui vient à Paris provient presque toujours de l'Océan; il est à très bas prix, et cependant fort bon à manger.

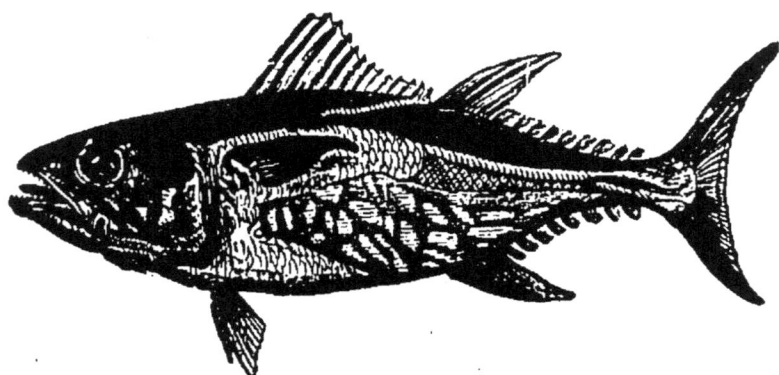

Thon.

Thon frit. — Couper le thon par tranches de l'épaisseur de trois doigts et le mettre à mariner pendant deux ou trois heures avec de l'huile d'olive, sel, poivre, persil haché et jus de citron, puis, le frire à feu doux dans une poêle avec un peu d'huile. Quand il est de belle couleur des deux côtés, le retirer, et le servir avec une sauce rémoulade ou simplement avec la sauce au *colin frit.* (Voir *la recette.*)

Thon grillé. — Après l'avoir préparé comme ci-dessus, le griller à feu doux, et le servir sur une purée d'oseille, ou une sauce tomates, ou une sauce italienne.

Thon en fricandeau. — On le pique de lardons assaisonnés et on le cuit comme un fricandeau. (Voir *la recette.*)

CABILLAUD

On juge de la qualité et de la fraîcheur du cabillaud lorsque l'œil est saillant, que son globe est

transparent et que le petit repli qui l'entoure est
rosé; que ses ouïes sont d'un beau rouge tendre et
que sa chair est ferme au toucher.

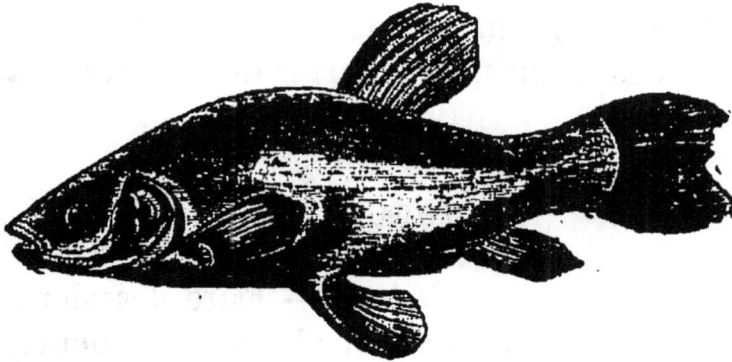

Cabillaud.

Cabillaud à la hollandaise. — Après l'avoir vidé,
ratissé, et bien lavé, l'égoutter, puis mettre dans
l'intérieur une poignée de sel gris; le couvrir dessus et dessous de sel blanc et le laisser ainsi, pendant quelques heures, dans un endroit très frais;
deux heures avant de le servir, ficeler la tête, lui
faire quelques incisions sur le dos et le mettre à
dégorger dans de l'eau froide, le placer ensuite sur
le ventre, dans une poissonnière à moitié remplie
d'eau bouillante, le saler et laisser bouillir modérément trois quarts d'heure, plus ou moins, selon sa
grosseur; puis, quand il sera parfaitement cuit, le
dresser, toujours sur le ventre, sur un plat garni
d'une serviette, en l'entourant de pommes de terre
cuites à l'eau et de petits groupes de persil; le servir avec du beurre fondu, assaisonné de sel, poivre, muscade râpée et jus de citron dans une saucière.

Lorsque, après avoir figuré sur la table, il reste

encore quelques bons morceaux du cabillaud, on les utilise en les apprêtant à la béchamel, au gratin, au fromage, en croquettes, etc., ou en les mêlant à des moules, pour garnir des casseroles au riz.

MORUE

Morue à la maître d'hôtel. — Faire dessaler la morue tout d'abord, pendant vingt-quatre heures, dans de l'eau de rivière, en ayant le soin de renouveler l'eau trois fois, au moins; la gratter et la mettre à cuire sur le feu dans de l'eau froide, puis l'égoutter.

Amalgamer dans une casserole un morceau de beurre avec gros poivre, muscade râpée, persil et

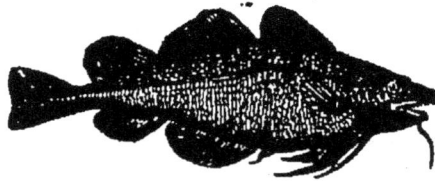

Morue salée.

ciboule hachés fin, une pincée de farine et une cuillerée à dégraisser d'eau de morue et poser dessus la morue. Placer la casserole sur le feu; remuer sans cesse, pour que le beurre ne tourne pas en huile, et, lorsque la morue sera bien chaude et la sauce bien liée, y ajouter le jus d'un citron et servir.

Morue au beurre noir. — Faire cuire à l'eau la morue; la mettre sur un plat, verser dessus du beurre noir, et servir avec une garniture de persil frit.

Morue en brandade. — Faire dessaler, cuire et égoutter un morceau de belle morue comme pour de la morue à la maître d'hôtel, mettre du beurre, de l'huile, du persil, de l'ail dans une casserole, et faire fondre le tout à feu doux, puis ajouter la morue épluchée et coupée en petits morceaux, remuer le tout sans discontinuer; de temps en temps ajouter de l'huile, du beurre et du lait, en remuant toujours, la morue finit par se réduire en crème.

La perfection de la brandade dépend surtout du mouvement imprimé pendant très longtemps à la casserole, qui seule opère l'extrême division de toutes les parties de ce poisson naturellement coriace, et les métamorphose en une espèce de crème; mais, qu'on s'en souvienne, une brandade imparfaite n'est qu'une béchamel.

COLIN

Colin. — Ce poisson, dont la chair, quand il est jeune, est délicate et saine, atteint un mètre de longueur; il peut, lorsqu'il est séché et salé, suppléer à la morue, sans qu'il soit possible, au moins pour le goût, de distinguer ces deux espèces l'une de l'autre.

Sa bonté se reconnaît aux mêmes signes que le cabillaud, et il se prépare de même. — Le colin, à Paris, est toujours à bas prix, aussi est-il d'une grande ressource pour les petits ménages.

Colin frit. — Couper le colin en darnes ou tranches de deux centimètres, et les faire mariner pendant deux heures dans de l'huile, sel, poivre, fines herbes ; mettre ensuite dans une poêle deux ou trois cuillerées d'huile d'olive et y placer les darnes de colin ; faire cuire à feu très doux, et quand d'un côté elles ont pris couleur, les retourner de l'autre ; les retirer ensuite et les tenir chaudement, exprimer le jus d'un citron dans la cuisson des darnes, battre vivement, et masquer les darnes de cette sauce.

AIGLE-FIN OU AIGRE-FIN

Aigle-fin ou Aigre-fin. — Ce poisson, long de 50 centimètres environ, a quelque rapport avec le cabillaud, mais il en diffère par des yeux plus grands et plus à fleur de tête, par une raie le long de chaque côté du corps et par un bec plus pointu. Les écailles sont fines et la peau d'un bleu ardoisé. On l'apprête comme le cabillaud et le colin.

BAR OU BARS

Le bar a aussi quelque ressemblance avec le cabillaud, mais ses écailles sont plus larges et son corsage tire au rouge. Les petits, marinés et grillés, sont un mets très friand.

La chair de ce poisson est blanche, feuilletée, délicate, savoureuse et de facile digestion ; elle ressemble à celle de l'aigre-fin. Le bar se cuit et se

prépare de la même manière que le cabillaud et se
mange aux mêmes sauces; de plus, mariné et
grillé, servi sur une maître-d'hôtel, c'est un excellent aliment.

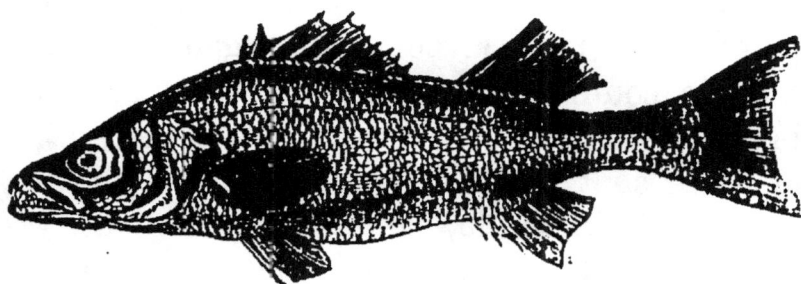

Bar.

Il y a plusieurs espèces de bars; ils atteignent
généralement une assez grande taille, certains dépassent un mètre de long.

MERLAN

De tous les poissons, le merlan est celui dont la
chair est la plus légère, mais aussi la moins alimentaire.

Merlans frits. — Écailler, laver et vider des merlans, en réservant le foie; leur couper les nageoires
et le bout de la queue; les inciser obliquement de
chaque côté, les saupoudrer de farine et les jeter
dans de la friture bien chaude; quand ils sont frits
et de belle couleur, les égoutter sur une serviette
chaude; semer dessus un peu de sel fin, et les servir sur une serviette. On peut les accompagner
d'une garniture de persil frit.

Merlans aux fines herbes. — Après les avoir préparés comme les précédents, saupoudrer de persil et de ciboule hachés un plat profond garni de beurre, ajouter sel fin et muscade râpée, coucher dedans les merlans tête-bêche, les arroser de beurre fondu, et les mouiller avec parties égales de vin blanc et de bouillon. Lorsque les poissons sont à moitié cuits, les retourner avec précaution, et, quand ils le sont tout à fait, verser leur mouillement dans une casserole, sans les ôter du plat, y ajouter un peu de beurre manié de farine, faire cuire, incorporer le jus d'un citron et une pincée de gros poivre, et renverser la sauce sur les poissons.

Merlans au gratin. — Ils se préparent absolument comme les soles au gratin. *Entrée.* — (Voyez *Soles.*)

Merlans grillés. — Après leur avoir fait subir les préparations indiquées ci-dessus, les avoir salés et poivrés, les tremper dans de l'huile d'olive ; les mettre sur le gril, et les cuire à feu doux, en ayant soin de les retourner souvent ; lorsqu'ils sont cuits, les enlever avec précaution et les dresser sur un plat, enfin, verser dessus soit une sauce blanche aux câpres, soit une sauce aux tomates avec une garniture de citrons ou de cornichons coupés en rouelles.

MAQUEREAU

Le maquereau doit être frais pour être bon. C'est

aussi à la blancheur de la peau du ventre que l'on juge qu'il peut être mangé avec agrément.

Maquereaux à la maître-d'hôtel. — Après les avoir vidés, parés, nettoyés et fendus légèrement en longueur du côté du dos, les faire mariner une demi-heure environ avec de l'huile, du sel fin et quelques branches de persil. Les placer ensuite sur le gril, et, quand ils sont cuits, les dresser sur un plat et, avec une cuiller, leur introduire dans le dos une maître-d'hôtel froide acidulée de jus de citron, et servir chaud.

La laitance du maquereau est un manger très délicat et très agréable; on l'apprête, de même que les laitances de carpe et de hareng, en friture, en caisse, en papillotes farcies, au gratin maigre, etc.; on en fait encore des garnitures de ragoût au vin blanc.

Maquereaux aux groseilles vertes à l'ancienne mode. — Les maquereaux se doivent farcir avec de grosses groseilles à moitié mûres, épluchées et épepinées; ajouter à cette farce un peu de chair d'anguille de mer ou de hareng frais, du beurre frais, des fines herbes, du sel et du poivre de Cayenne. Les maquereaux ainsi farcis, les cuire dans de l'eau salée avec beurre, oignons et quelques tranches de racines; puis les égoutter, et les servir avec une sauce au beurre, faite de la manière suivante :

Ayez deux poignées de groseilles à maquereau à moitié mûres, après les avoir ouvertes en deux et en avoir retiré les pepins, les blanchir dans de l'eau de sel; les égoutter et les jeter dans la sauce au beurre à laquelle on ajoutera un peu de crème double et un peu de muscade râpée. Cette manière de manger les maquereaux est fort ancienne.

VIVE

La vive est un poisson osseux de la famille des perches.

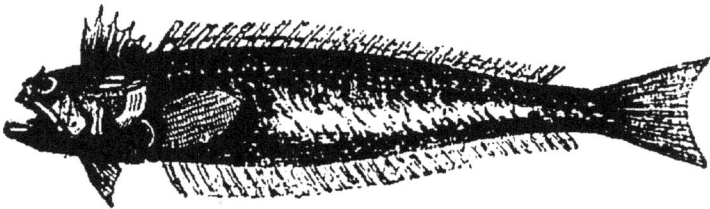

Vive.

Ces poissons, de la longueur du hareng, sont dangereux à cause des épines qu'ils ont sur le dos et de celles de leur première nageoire, la piqûre en est venimeuse. Il faut avoir soin de les en débarrasser avant tout.

Vives à la maître-d'hôtel. — Couper d'abord les épines des vives, les vider, les laver, puis les inciser légèrement des deux côtés, les mariner dans de l'huile, avec addition de sel et de persil; et les cuire sur le gril; on les sert masquées d'une sauce à la maître d'hôtel, ou d'une sauce blanche aux câpres.

Vives à la normande. — Après les avoir apprêtées, leur couper la tête et la queue, les piquer avec des filets d'anguille et d'anchois; les cuire avec vin blanc, beurre, carottes, oignons, persil, clous de girofle, thym et laurier; passer la cuisson au tamis, la lier avec du beurre manié de farine, la laisser réduire; puis la verser sur les vives dressées sur un plat, en l'acidulant avec du jus de citron.

Vives à la bordelaise. — Elles se préparent comme à la normande; seulement, on les masque avec une sauce italienne.

HARENG

Quand les harengs sont frais, les ouïes sont d'un beau rouge et tout leur corps est roide et brillant; si les ouïes sont d'une couleur terne, si le poisson est vide, il n'est plus frais.

Harengs frais à la sauce à la moutarde. — Après avoir vidé, écaillé et bien nettoyé les harengs, les mariner dans un peu d'huile avec assaisonnement de sel et persil en branches; puis les mettre sur le gril, en ayant soin de les retourner souvent pendant leur cuisson; les servir accompagnés d'une sauce blanche au beurre, à laquelle on aura joint une cuillerée de bonne moutarde; ne pas laisser bouillir la sauce.

On mange encore les harengs frais en matelote, au fenouil, etc.

Harengs fumés non salés. — Il vient de Hollande de magnifiques et excellents harengs bien fumés, sans saumure. On enlève délicatement la peau et on les accommode à la maître-d'hôtel, comme les maquereaux frais ; c'est un manger exquis.

Harengs secs en hors-d'œuvre. — Après les avoir lavés, leur couper la tête et le bout de la queue, leur enlever la peau, les nageoires et la grosse arête ; les mettre dessaler dans de l'eau et du lait, moitié l'un moitié l'autre ; les égoutter ensuite, les couper en tronçons et les dresser sur un bateau ou une coquille à hors-d'œuvre, avec des tranches d'oignon cuit sous la cendre et de pommes de reinette crues ; servir avec une vinaigrette assaisonnée de cresson alénois.

ROUGET

Le rouget de la Méditerranée est le meilleur de tous. On les vide par les ouïes sans les écailler et en ménageant le foie ; les griller ensuite sur le gril, et les servir sur du beurre fondu, assaisonné de sel, poivre, persil haché et jus de citron.

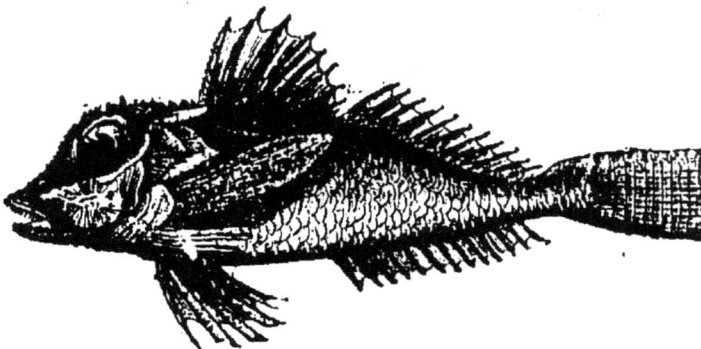

Rouget.

On peut également les cuire à l'eau ou en papillotte.

13.

Le rouget de l'Océan, sans avoir toutes les qualités de celui de la Méditerranée, n'en est pas moins un manger délicieux; on le vide, on retire les ouïes et on l'écaille avec précaution; on le lave, on l'essuie, on le met mariner une heure avec un peu de sel, de gros poivre et d'huile; on le pose une demiheure avant le service sur une feuille de papier huilé placée sur un gril; on le retourne après un quart d'heure, en le posant sur un autre papier, si le premier est détérioré, et on le sert également sur du beurre fondu, assaisonné de sel, poivre, persil haché et jus de citron.

GRONDIN

Le grondin, qu'à tort on nomme aussi parfois rouget, en raison de sa couleur, est gros de corps et sa tête monstrueuse; il a peu d'arêtes.

On l'arrange au court-bouillon, mais il faut faire le court-bouillon d'avance, parce que le grondin cuit en un instant.

Avant de le servir, on ôte avec soin les écailles et la cuirasse de la tête, que l'on remplace par un bouquet de persil en branches. On le mange surtout à l'huile.

Le grondin est parfait pour faire du bouillon de poisson.

DORÉE

Dorée. — C'est le nom vulgaire du poisson de

Saint-Pierre, de Saint-Christophe ou de Saint-Martin.

Dorée.

Sa chair est délicieuse, on l'accomode au *court-bouillon* ou bien on le fait frire.

TRIGLE

Trigle. — De la famille des perches ou persèques. Ces poissons sont remarquables par leur tête.

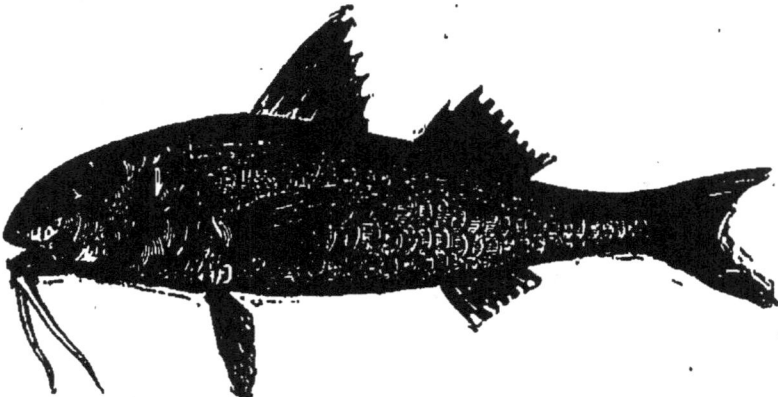

Trigle.

cuirassée, par différents os du crâne et de la face. Dans toutes les espèces, les nageoires pectorales sont fort grandes, et, dans quelques-unes, elles le deviennent assez pour permettre aux individus de se soutenir en l'air pendant quelques instants et d'exécuter une espèce de vol.

Le trigle se prépare comme la *Dorée*.

ANCHOIS

Les anchois ne sont employés que salés ou conservés dans de l'huile.

Anchois en salade. — Après les avoir lavés avec du vin blanc, lever la chair par filets et les mettre dans une salade de laitue ou de chicorée frisée.

Anchois à la parisienne. — Nettoyer et faire dessaler des filets d'anchois dans l'eau tiède, hacher séparément les blancs et les jaunes d'œufs durs, ranger les filets dans une coquille de manière à former des losanges ou des carrés que l'on remplit avec les jaunes d'œufs, du cerfeuil, de la pimprenelle hachés, et des blancs en alternant, c'est-à-dire que chaque carré ou losange ne contiendra qu'un de ces objets afin de présenter à l'œil un damier de couleurs diverses ; verser sur le tout de l'huile d'olive, après l'avoir saupoudré de mignonnette, et l'environner d'olives, de câpres, de fleurs de capucines ou autres selon la saison.

SARDINES

La sardine, quand elle est fraîche et mélangée à de bon beurre, est un manger des dieux ; mais c'est, dit-on, seulement à bord des bateaux de pêche que l'on peut goûter celte félicité. La sardine n'a toute sa fleur qu'au moment où elle sort de l'eau, un instant suffit pour la lui faire perdre.

Sardines frites. — Les essuyer avec soin, les fariner légèrement, les frire dans du beurre ou de bonne huile d'olive, les égoutter et les servir.

Sardines grillées. — Les essuyer et les mettre sur le gril à feu doux, un instant suffit pour les cuire, les servir avec du beurre le plus frais possible.

CONGRE OU ANGUILLE DE MER

Le congre est un poisson fort commun, fort bon marché, et qui rend de grands services dans l'alimentation. Les traiteurs savent parfaitement l'employer, il n'en est pas de même des ménagères.

L'inconvénient du congre, c'est qu'il a un goût de marée très prononcé ; on parvient cependant à le lui faire perdre en le cuisant aux trois quarts dans un *court-bouillon* (voir ce mot); après cela, on peut lui faire subir les mêmes préparations qu'au cabillaud.

Avec le congre noir, on fait d'excellentes matelotes, qui rivalisent parfaitement avec celles d'anguille.

HOMARD ET LANGOUSTE

Pour juger de la fraîcheur du homard, il faut flairer le dos entre la naissance de la queue et le corps; il doit avoir bonne odeur; la queue, prise par le petit bout, doit se tourner difficilement

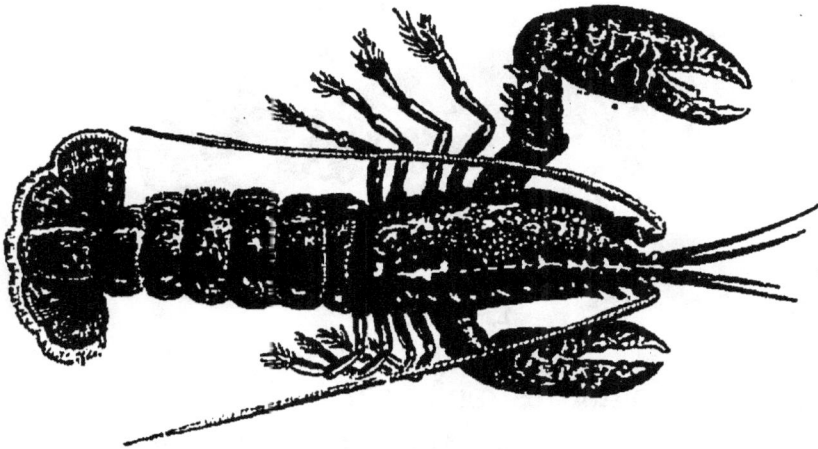

Homard.

et se replier sur elle-même : s'il est lourd à la main proportionnellement à sa grosseur, c'est une preuve qu'il n'a pas été recuit et qu'il est bien plein.

Homard au court-bouillon. — Faire un court-bouillon avec de l'eau salée, un morceau de beurre frais, une botte de persil, un piment rouge, deux ou trois poireaux et un grand verre de vin blanc; y placer le homard, l'y laisser cuire pendant vingt-cinq minutes, et refroidir dans ce même court-bouillon en ayant soin toutefois de ne pas le laisser dans un vase de cuivre. On le sert ensuite avec la sauce suivante :

Après avoir enlevé tout l'intérieur du homard,
en détacher toutes les chairs blanches ; prendre la
crème ou laitage qui se trouve dans la grande

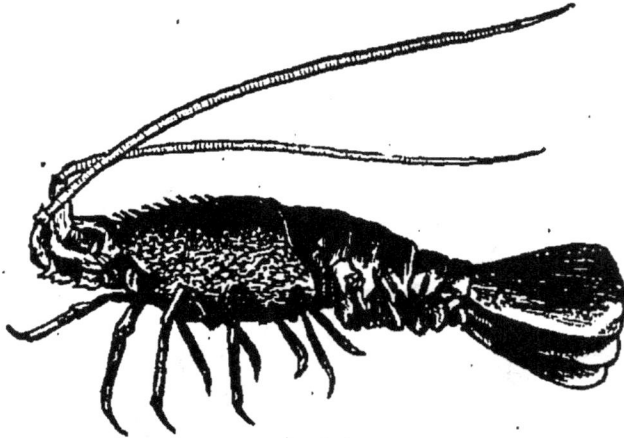

Langouste.

coquille ; y ajouter les œufs, s'il y en a, et remuer
le tout en y joignant une quantité suffisante
d'huile, une cuillerée de bonne moutarde, une
pincée de fines herbes, deux échalotes écrasées, de
la mignonnette, un peu de vinaigre et le jus d'un
citron.

Homard à la broche. — L'attacher sur un hâtelet,
le fixer sur une broche ; puis le mettre devant un
feu très ardent, en ayant soin de l'arroser avec
du beurre fondu et mêlé avec du vin blanc, du
sel et du poivre ; lorsque le homard est cuit, ce
dont on juge en voyant la coquille se détacher
d'elle-même et devenir friable, on le sert avec le
contenu de la lèchefrite, en ajoutant le jus d'un
citron, une pincée des quatre épices et un verre de
vin blanc.

Lorsqu'on achète des homards tout cuits, il faut choisir les plus lourds ; puis, comme ils sont généralement peu cuits et qu'ils ne l'ont été que dans de l'eau salée, les mettre recuire dans le court-bouillon indiqué plus haut ; cette préparation a l'avantage de les rendre bien meilleurs.

Les homards se mangent encore avec une mayonnaise, additionnée de feuilles de persil et d'estragon hachées.

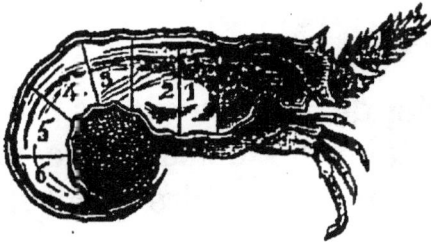

Le homard se sert coupé dans toute sa longueur; on divise chacune des parties en six ou huit portions, suivant sa grosseur, et on les sert avec une cuiller.

CREVETTES

Les crevettes se mangent cuites au court-bouillon

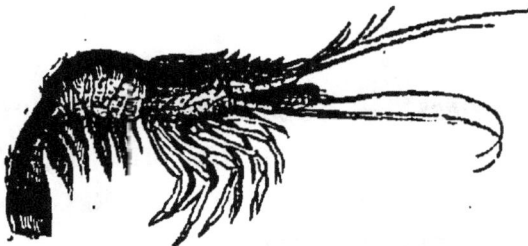

Crevettes.

ou à l'eau de sel, et leurs queues s'emploient à des garnitures.

CRABES

Il y a un grand nombre de crabes qui, tous, sont comestibles; on les cuit au court-bouillon, et on les mange aux mêmes sauces que le homard.

Le gros crabe, dit poupard, sert à faire des potages. (Voyez *Potage aux poupards.*)

HUITRES

Il faut se garder de faire ouvrir les huîtres à l'avance, et surtout de les détacher de la coquille inférieure, ce qui ne doit se faire qu'au moment où on les mange.

On a essayé de beaucoup d'instruments pour ouvrir les huîtres; le meilleur est un petit couteau court et arrondi, manœuvré avec un peu de dextérité; on place l'huître dans la main gauche en faisant présenter à l'extérieur le côté anguleux de l'huître; on cherche le joint avec le couteau, et l'huître s'ouvre d'elle-même. On la pare bien avec le couteau et l'on garde précieusement l'eau qu'elle contient.

Huîtres marinées. — Elles forment un plat excellent pour hors-d'œuvre; on les tire du barillet; on les lave et on les sert sur une sauce d'échalotes hachées menu, vinaigre, poivre, huile, fines herbes, jaunes d'œufs durs écrasés, en hachant menu les blancs pour en faire des petits tas que l'on tierce avec les jaunes et les fines herbes.

MOULES

Les moules donnent lieu parfois à des accidents; le mieux, pour les éviter, et de les manger aussi fraîches que possible.

Moules à la poulette. — Après les avoir nettoyées et bien lavées, les placer sur le feu dans une casserole, sans rien y ajouter, les remuer, et, à mesure qu'elles s'ouvrent, en ôter une des deux valves; les mettre ensuite dans une autre casserole, avec beurre, gros poivre, persil et ciboules hachés; passer sur le feu; ajouter un peu de farine; mouiller le tout avec du bouillon et un peu de l'eau qu'auront rendue les moules passées au tamis; laisser bouillir quelques instants, puis tenir le tout chaud. Au moment de servir, lier avec des jaunes d'œufs, et ajouter le jus d'un citron.

Moules à la provençale. — Procéder, pour les préparations préliminaires, comme il est dit plus haut; puis, mettre dans une casserole un demi-verre d'huile, persil, ciboules, champignons, demi-gousse d'ail, le tout bien haché. Passer au feu et mouiller avec une cuillerée de bouillon et la moitié de l'eau des moules. Quand cette sauce est suffisamment cuite et réduite, jeter dedans les moules, ajouter une cuillerée de bon jus et assaisonner. Après avoir fait jeter quelques bouillons, aciduler avec le jus d'un citron, et servir. Il faut que la sauce soit courte.

Moules à la marinière. — Faire sauter les moules dans une poêle avec un morceau de beurre, persil, ciboule, ail, hachés fin, poivre et un peu de mie de pain, et servir.

POISSONS DE MER REMONTANT LES FLEUVES

ESTURGEON

L'esturgeon parvient à des dimensions considérables, et sa chair à beaucoup d'analogie avec celle du veau ; aussi lui fait-on subir les mêmes préparations.

Esturgeon.

L'esturgeon ne se sert que fort rarement en entier ; il est, comme le thon, toujours divisé par tranches.

Esturgeon rôti. — On prend, pour cela, soit un esturgeon moyen, soit un tronçon de gros esturgeon ; on le pique de gros lard assaisonné ; on le fait mariner avec du vin blanc, sel, gros poivre et épices ; on le met ensuite à la broche ; on l'arrose avec la marinade, et on le sert accompagné d'une sauce piquante.

Esturgeon braisé. — On pique un tronçon d'esturgeon comme il est dit ci-dessus ; on le met dans une braisière avec du lard râpé, des oignons coupés en tranches, des carottes et des panais émincés, sel, poivre, épices, bouquet garni et vin blanc ; cuire à feu ardent, et servir avec une sauce piquante, mouillée avec une partie du fond de cuisson réduit.

Esturgeon au court-bouillon. — Cuire le tronçon d'esturgeon dans un court bouillon avec feu dessous et dessus, et l'arroser constamment ; lors est cuit, l'égoutter, et le servir avec une sauce italienne dans laquelle on aura incorporé une petite quantité du court-bouillon très réduit, avec addition d'un bon morceau de beurre et d'un peu de poivre de Cayenne.

Esturgeon en fricandeau. — Piquer, avec du lard fin, des tranches d'esturgeon, les fariner et leur faire prendre couleur dans du lard fondu ; mettre ensuite les tranches dans une casserole avec du blond de veau, champignons, fines herbes, et si la saison le permet, fonds d'artichauts et pieds de céleri ; dégraisser lorsque la cuisson est opérée, en ajoutant à la sauce un filet de vinaigre.

Esturgeon en matelote. — Passer au beurre des petits morceaux de mie de pain, coupés en rond ; quand ils sont de belle couleur, les égoutter ; couper par tranches minces un morceau d'esturgeon et les mettre dans un plat les unes à côté des autres avec sel, gros poivre et beurre; faire cuire pendant un quart d'heure, en ayant le soin de retourner les tranches; les ôter du plat et y mettre un peu de farine; remuer; ajouter persil, ciboule, échalotte hachés, et deux verres de vin rouge; faire bouillir, et, au bout d'un quart d'heure; remettre les tranches d'esturgeon dans la sauce sans les faire bouillir; semer sur le tout des câpres, et servir.

SAUMON

Quand le saumon est frais, son corps est roide et sa chair d'un beau rouge particulièrement aux ouïes; les écailles sont brillantes.

Saumon.

C'est au printemps qu'il est le meilleur. Le saumon est un poisson cher, surtout parce qu'il est de garde et peut attendre l'acheteur pendant plusieurs jours.

Quand on a à servir un saumon en entier, il arrive de ne pas avoir à sa disposition un plat suffisamment grand; on le remplace par une planche recouverte d'une serviette sur laquelle on le place de manière à ce que le dos soit du côté de la personne qui doit le servir.

Pour le distribuer, on commence par lui faire une incision sur le milieu du corps, en partant de la tête pour arriver à la queue, partageant ainsi le poisson dans sa longueur et atteignant l'arête; on coupe ensuite obliquement à partir de la tête.

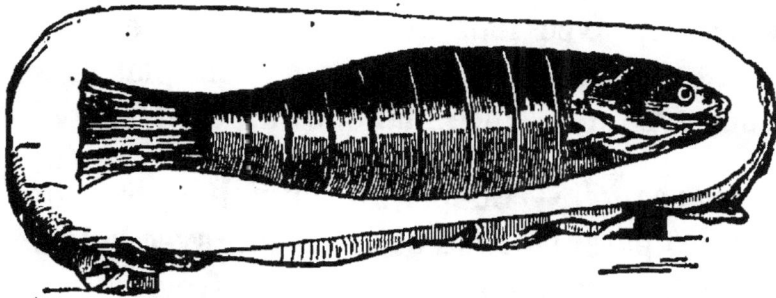

Saumon sur une planche.

Quand on a enlevé tout un côté, on retire l'arête et on continue de la même façon pour la partie qui reste à servir.

On ébarbe les nageoires, et on ne touche pas à la queue.

Saumon à la hollandaise. — Après avoir vidé, lavé et essuyé le saumon, le mettre à cuire dans un *court-bouillon*, l'égoutter après cuisson et le servir entouré de persil en branche et de pommes de terre à l'eau, en l'accompagnant d'une sauce hollandaise.

Court-bouillon. — Il se fait d'eau acidulée de vinaigre, avec carottes, oignons, persil en branches, thym, laurier, sel et poivre, le tout ayant bouilli ensemble avant de s'en servir.

Saumon rôti. — Après en avoir ôté les écailles,

le piquer et le mettre à la broche, et quand il est cuit le servir sur une purée d'oseille.

Saumon grillé. — Le saumon étant coupé en tranches de 2 à 3 centimètres, les mariner avec huile, sel, poivre et persil; les mettre sur le gril et les y arroser avec leur marinade. Après cuisson, leur enlever la peau, les dresser sur un plat et les masquer avec une sauce blanche aux câpres.

Saumon sauté. — Couper du saumon en tranches minces, les parer en rond et les aplatir avec la lame d'un couteau trempée dans de l'eau froide. Faire fondre du beurre dans une casserole à sauter, placer les tranches de saumon les unes à côté des autres, saler et poivrer, mettre sur le feu et les sauter vivement; les retirer ensuite et les tenir au chaud. Additionner d'un peu de farine au beurre resté dans le sautoir; mouiller avec du bouillon; ajouter persil haché, muscade râpée, jus de citron; dresser les tranches en couronne sur un plat et masquer avec cette sauce.

Saumon salé. — Le faire dessaler, le mettre à cuire dans l'eau froide; quand il commence à bouillir, l'écumer, puis laisser, pendant cinq minutes, la casserole sur le bord du fourneau, couverte d'un linge, égoutter le saumon, et le servir en salade.

Saumon fumé. — Le couper par tranches minces; placer ces tranches les unes à côté des autres sur un plat pouvant aller au feu; sauter ces tranches dans de l'huile; quand elles sont cuites, les égoutter; ajouter du jus de citron, et servir sans autre préparation.

Saumon beccard. — S'il faut en croire les natu-
ralistes, les saumons dégénèrent parfois et deviennent ce qu'ils est convenu d'appeler des *bec-
cards;* que ce soit ou non l'origine de cette variété
de saumon, qui se distingue par son bec crochu,
toujours est-il qu'elle est très inférieure, et que,
lorsque la livre de saumon vaut 3 fr. celle de beccard se donne à 1 fr. Combien y sont trompés!

ALOSE

L'alose, quand elle est entière et préparée, soit
à la hollandaise, soit au bleu, se sert sur une serviette, la tête à gauche et le dos du côté de la personne qui découpe. On commence par tracer une

Alose.

ligne profonde de la tête à la queue, puis on découpe les portions en lignes droites ou obliques. S'il
y a peu de convives, on ne sert que le dos; les
œufs en sont exquis.

Alose à la hollandaise. — Après avoir vidé l'alose par les ouïes, la mettre, sans l'écailler, dans une poissonnière, avec de l'eau salée, et lui faire jeter deux ou trois bouillons, puis couvrir le feu de cendres, de manière à maintenir le poisson bien chaud pendant une demi-heure sans qu'il bouille. Servir l'alose sur une serviette, avec des pommes de terre jaunes cuites à l'eau, à l'entour, et une sauce à la hollandaise dans une saucière.

Alose au bleu. — Après l'avoir fait cuire au court-bouillon, la servir sur une serviette, avec une mayonnaise, dans une saucière ou simplement avec une sauce à l'huile.

Alose grillée à l'oseille. — La préparer comme *le saumon grillé*, soit entière, soit en darnes, et la servir sur une purée d'oseille.

DORADE

Ce poisson, très commun dans la Méditerranée, est rare dans la Manche. Dans le Midi, il passe de la mer dans les étangs où il s'engraisse; sa chair, fort estimée, agréable et délicate, se digère généralement bien. La dorade vient au printemps frayer à l'embouchure des rivières, et gagne à y séjourner.

On mange la dorade cuite au court-bouillon avec une sauce blanche aux câpres. On la mange encore frité, et on en accommode les filets comme ceux de la sole.

MULET

Le mulet est un excellent poisson, qui se pêche en abondance et rend de grands service à l'alimentation.

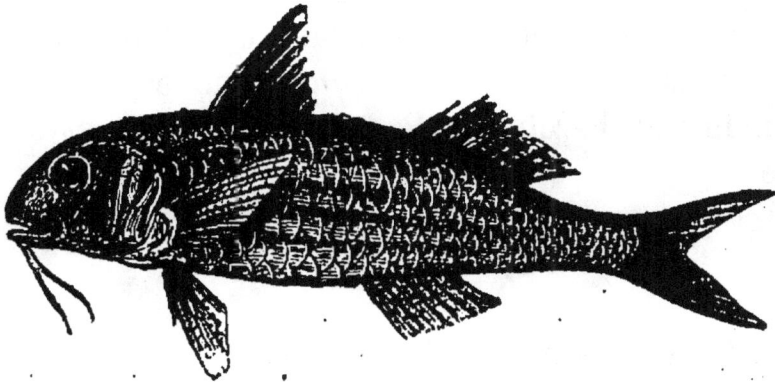

Mulet.

Mulet sauce aux câpres. — Le griller après l'avoir vidé, lavé, essuyé; l'avoir fait mariner avec huile, sel et poivre, et le servir accompagné d'une maître-d'hôtel ou d'une sauce blanche.

Quand les mulets sont gros, on les cuit à l'eau de sel, et on les sert avec une sauce au câpres.

ÉPERLANS

Les éperlans frais sont d'une belle couleur d'argent et très fermes, et ils ont une odeur particulière assez semblable à celle des concombres pelés.

On mange les éperlans frits et au gratin comme les *merlans* (Voyez *Merlans*).

MUGE

Muge. — La chair de ce poisson, qui compte nombre d'espèces ou de variétés, est tendre, grasse et très agréable au goût; on peut la conserver, pendant plusieurs mois, séchée ou salée. Les œufs, après qu'on les a comprimés, salés et séchés, donnent, sous le nom de *botargue*, une espèce de *caviar* fort recherché en Provence, en Corse et en Italie.

LIMANDE, CARRELET, PLIE

Ces trois poissons sont assez semblables, mais différents surtout en qualité.

Ils vivent également dans l'eau douce et dans l'eau salée; quand ils sont frais, les corps sont roides, les yeux brillants. Plus leur corps est épais, meilleurs ils sont.

La limande, la plus délicate des trois, ressemble à la sole et se prépare de même.

Le carrelet ressemble plutôt à la barbue, dont parfois il a la taille; aussi le traite-t-on comme elle. On le mange, cependant, plus particulièrement au gratin ou en *matelote normande*.

La plie est beaucoup plus petite que le carrelet. On la mange frite, et aussi au gratin.

LAMPROIE

Lamproie. — Les *lamproies* remontent les fleuves; elles ont la bouche ronde au bout du museau, les branchies fixées à la peau et ouvertes par plusieurs trous percés dans cette peau, qui est lisse; leur corps est cylindrique et allongé.

Lamproie.

La chair des lamproies a quelque ressemblance avec célle du levraut.

Les lamproies se mangent étuvées; en civet, dans lequel on fait entrer le sang de la lamproie, qui doit, à cet effet, être prise et découpée vivante; on fait une sauce au vin avec des poireaux et l'on épaissit avec de la farine; on les accommode encore à la tartare, aux champignons, à la sauce douce, en matelote; on en fait des pâtés froids, etc.

Le frai de la lamproie est un hors-d'œuvre qui, sous le nom de *sept-œils*, est fort recherché.

POISSONS D'EAU DOUCE

BROCHET

Les brochets de rivières ou de fleuves sont préférables à ceux que l'on pêche dans les lacs et dans les étangs, à cause du goût de vase qu'ils y contractent.

Le brochet pêché en eau vive, ou qui y a dégorgé, a la chair ferme et blanche, son foie est fort

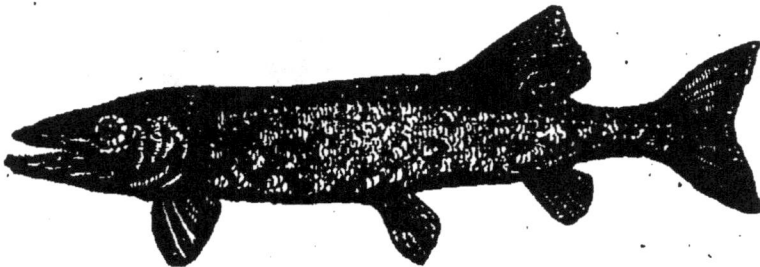

Brochet.

estimé; mais il faut s'abstenir de manger ses œufs, qui purgent violemment et donnent des nausées.

Brochet au bleu. — Voyez *Carpe au bleu.*

Filets de brochet à la béchamel. — Lever les filets d'un brochet de desserte, les mettre dans une béchamel réduite; les dresser sur un plat, entourés de croûtons de pain; les arroser d'un peu de beurre fondu, les saupoudrer de mie de pain et leur faire prendre couleur au four.

CARPE

Carpe au bleu. — Vider la carpe en l'ouvrant le moins possible, lui ficeler la tête, la placer dans une poissonnière et l'arroser de vinaigre bouillant; ajouter oignons et carrottes coupés en tranches, bouquet garni; puis mettre la poissonnière sur le feu et laisser mijoter une heure; ôter la poissonnière du feu, laisser la carpe refroidir dans sa cuis-

son et la servir dressée sur un plat et une serviette
dessous.

Carpe en matelote. — La matelote classique se
compose d'une carpe, d'un barbillon, d'une anguille, et de sept à huit écrevisses entières.

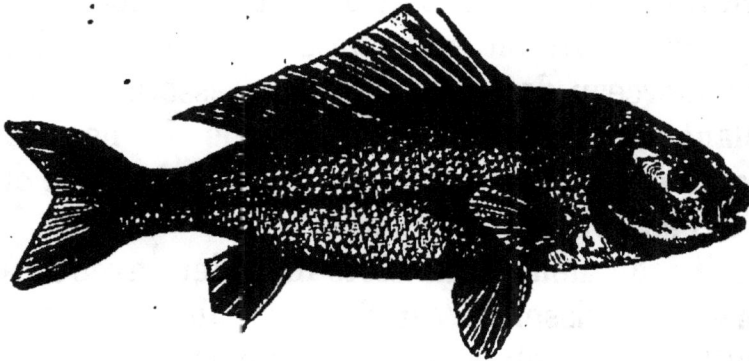

Carpe.

On coupe le poisson par tronçons; on y ajoute
de petits oignons blanchis et cuits à moitié et des
champignons en dés; on fait un petit roux avec de
la farine et du beurre, mouillés de bon bouillon;
on y met le poisson avec un bouquet garni, vin
rouge, sel, poivre, et les autres ingrédients ci-dessus indiqués; enfin, on met à cuire le tout à grand
feu, et l'on ajoute, en servant, des croûtes frites.

Matelote marinière. — Prendre une carpe et une
anguille; les apprêter, puis les couper par tronçons; les mettre dans un chaudron de cuivre avec
sel, poivre, un bouquet de persil, ail, thym et laurier ainsi que quelques petits oignons. Couvrez entièrement le poisson de bon vin rouge. Faites cuire
sur un feu vif et clair et non sur un réchaud. Dès

que le bouillon s'enlèvera, mettre le feu dans le chaudron en ajoutant, au besoin, un demi-verre d'eau-de-vie. On jettera dans le chaudron du beurre manié de farine quand le feu aura cessé. Y mettre en ce moment les champignons qui doivent aider à la garniture. Laisser encore mijoter quelques minutes, puis servir en enlevant avec une écumoire chaque morceau de poisson qu'on dressera en entremêlant de croûtons revenus dans du beurre. Versez alors la sauce sur le poisson ainsi dressé et parez le plat avec quelques écrevisses.

On fait également la matelote marinière avec toutes sortes de poissons d'eau douce; mais la carpe et l'anguille sont employées de préférence.

Carpe frite. — Vider, écailler la carpe, et la fendre en deux par le dos (voir la figure); mettre à part

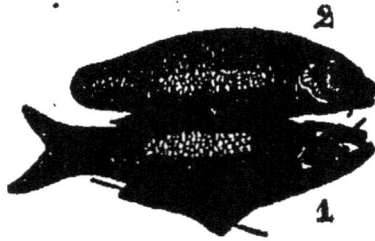

Carpe divisée pour être frite.

la laitance ou les œufs; faire mariner la carpe dans du vinaigre avec thym, laurier, muscade, sel et poivre; la fariner et la faire frire; lorsqu'elle sera à moitié cuite, jeter dans la friture la laitance, ou les œufs légèrement farinés aussi, et faire en sorte que le tout soit ferme et de belle couleur; servir la carpe, la saupoudrer de sel fin, placer la laitance, dessus et entourer le tout de persil frit.

Carpe grillée. — Écailler et vider une carpe; la frotter avec de l'huile, et la mettre sur le gril; puis, la servir sur un ragoût d'oseille, à la sauce blanche, aux câpres, à la maître d'hôtel, ou enfin à l'huile et au vinaigre.

TRUITES

La truite de 40 à 50 centimètres se sert, comme le saumon, sur une serviette avec du persil autour.

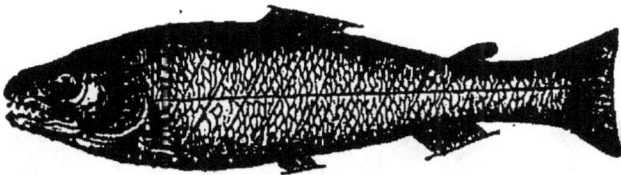

Truite.

Truite au court-bouillon. — Après avoir vidé et lavé une belle truite, lui ficeler la tête et la mettre à cuire dans un court-bouillon composé de vin blanc, d'oignons en tranches, thym, laurier, persil, clous de girofle, sel; quand le poisson est cuit, le dresser sur une serviette sous un lit de persil frais, accompagnée d'une sauce faite d'une partie du court-bouillon réduit et lié avec un peu de beurre manié de farine.

Truite grillée. — Après l'avoir préparée, lui remplir le corps de beurre assaisonné et manié de fines herbes; la faire mariner, puis griller, et la servir avec une sauce poivrade.

OMBRE-CHEVALIER

Les ombres ont une chair blanche, douce et de bon goût; ils sont fort recherchés et reçoivent les mêmes préparations que la truite.

BARBILLON

Lorsque le barbillon n'est que d'une taille médiocre, on le réserve pour manger en entrée, et on le prépare, alors, soit à l'étuvée, soit grillé. Cette

Barbillon.

dernière manière est la meilleure, parce qu'on l'accompagne alors d'une sauce aux anchois, qui sert merveilleusement pour relever le goût de ce poisson naturellement fade.

Barbillon à l'étuvée. — L'écailler, le vider et le mettre à cuire avec du vin rouge, du sel, du poivre, du girofle, un bon bouquet et un gros morceau de beurre; quand il est cuit, ajouter à la sauce un peu de beurre manié, laisser, lier et servir.

Barbillon au court-bouillon. — Lorsque le barbillon est de grande taille, le vider, se réservant de l'écailler après sa cuisson ; l'arroser de vinaigre bouillant ; saler et poivrer ; puis faire bouillir sur un grand feu, dans une poissonnière, du vin assaisonné de clous de girofle, laurier, oignons blancs, écorce de citron, bouquet garni, sel et poivre. Quand ce court-bouillon entre en ébullition, y placer le barbillon et le laisser cuire ; après quoi, on l'écaille, et on le sert sur une serviette dans un plat garni de cresson.

Barbillon grillé. — Le préparer comme pour l'étuvée, lui faire de légères incisions sur le dos, l'enduire de beurre saupoudré de sel fin et le mettre sur le gril ; quand il est cuit, le servir avec une sauce aux anchois.

On peut encore manger le barbillon à la sauce verte assaisonnée avec sel, poivre, deux anchois et une pointe d'ail.

Quand il est petit, le mieux est de le passer dans de la farine et de le faire frire.

PERCHE

La *perche* est un très beau et excellent poisson.

Perche

On mange la perche en *matelote*, *frite*, avec une garniture de persil, marinée, puis *grillée* et servie avec une sauce maigre ou grasse ; on la mange encore cuite au *court-bouillon*, accompagnée d'une sauce à la crème ou au beurre.

Brème. — La brème s'apprête à la manière des carpes ; cependant la meilleure manière de la

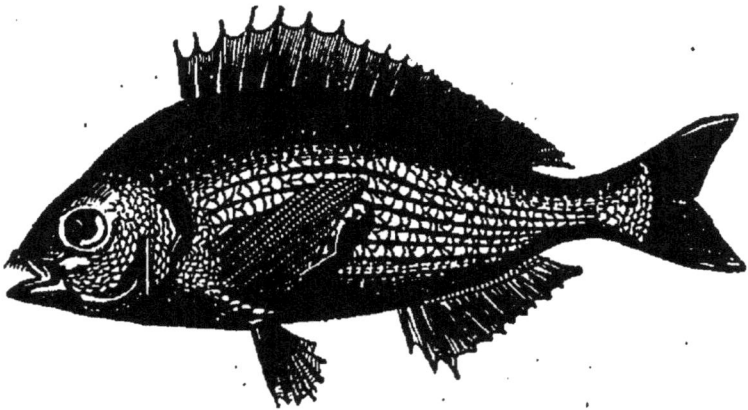

Brème.

manger est avec une sauce piquante à l'échalote. Sa tête est petite. La brème bien nourrie a la chair blanche, ferme et de bon goût.

TANCHES

Tanches à la poulette. — Après avoir limonné et vidé les tanches, les couper par morceaux, puis les passer au beurre tiède. Ajouter une cuillerée à bouche de farine ; mêler le tout ; mouiller avec du vin blanc ; assaisonner de sel, gros poivre, bouquet de persil et de ciboules garni de thym et de laurier, et ajouter des champignons et des petits oignons.

Quand le ragoût est cuit, le lier avec des jaunes d'œufs, et le servir avec une garniture d'écrevisses, si on en a.

Tanches grillées. — Il faut d'abord plonger les tanches pendant un instant dans l'eau bouillante, et en enlever le limon avec un couteau, en allant de la tête à la queue sans offenser la peau ; les écailler ensuite, les vider avec soin, et les farcir avec du beurre manié de fines herbes et d'une pointe d'ail ; les cuire sur le gril et les servir sur une purée de tomates, ou sur une ravigote verte, ou sur une sauce Robert à la moutarde.

Tanches au court-bouillon. — Après les avoir préparées, les faire cuire dans un court-bouillon au vin bien assaisonné, et les servir avec une sauce blanche aux câpres.

Tanches frites. — Apprêtées comme ci-dessus, les mettre pendant deux heures dans une marinade tiède, composée de beurre, ciboules et persil hachés, sel, poivre et vinaigre, les fariner après les avoir essuyées et les faire frire de belle couleur.

GOUJON

Goujon. — Les goujons longs et menus doivent être préférés aux gros, qui sont ordinairement

Goujon

œuvés et moins délicats que les goujons à laitance.

Les goujons se mangent frits ou étuvés; leur chair est agréable et délicate.

Une friture de véritables goujons de Seine n'est pas une chose indifférente.

LOTTE

La lotte se mange *frite*, en *matelote*, à la *pou-*

Lotte.

lette, à la *tartare*, etc., etc. — Son foie est très estimé et sert à faire des garnitures de ragoûts.

BARBOTTE

Barbotte. — Ce poisson vit dans la vase et a beaucoup d'analogie avec la lotte. Son foie est très estimé, mais il faut jeter ses œufs. Il est nécessaire de la mettre tremper quelques instants dans de l'eau bouillante pour lui faire perdre le goût de limon qu'elle contracte pendant son séjour dans la vase; la barbotte cuit très rapidement; il faut donc faire bouillir d'avance son court-bouillon. On garnit avec ce poisson les matelotes et autres compositions; il est très bon frit.

Barbotte frite. — Écailler et vider les barbottes,

puis les faire frire après qu'elles sont bien farinées. Servir avec une garniture de persil frit.

Barbotte en casserole. — Préparer comme ci-dessus, faire un roux, y passer les foies de barbottes, puis y mettre les poissons avec un verre de vin blanc, un bouquet, du sel, du poivre, quelques champignons; laisser cuire et lier; servir les barbottes avec ces mêmes champignons et les entourer de leurs foies et de croûtons frits.

ANGUILLE

Anguille à la tartare. — Faire revenir à la casserole des carottes et des oignons coupés en dés, bouquet garni; saupoudrer avec de la farine et mouiller le tout avec du vin blanc. Après une demi-heure, passer cette sauce au tamis de soie et y incorporer l'anguille préalablement, dépouillée et roulée en spirale. Lorsqu'elle est cuite, la laisser refroidir; la

Anguille

tremper ensuite dans des œufs battus, la paner, puis la griller à feu doux, couverte du four de campagne; pour la servir, la dresser sur un plat rond avec du beurre d'anchois ou une rémoulade.

Anguille à la broche. — Après l'avoir préparée, placer l'anguille dans une poissonnière avec un demi-litre de vin blanc et du jus de racines; la mettre à cuire, feu dessus, feu dessous, pendant une demi-heure ; la retirer et l'égoutter, puis la passer dans du beurre tiède et la paner encore ; la passer aux œufs et la paner de nouveau, pour, enfin, la mettre en broche enveloppée d'un papier beurré. La retirer au bout de vingt minutes ; la placer dans un plat, et servir sur une sauce verte.

Anguille à la minute. — Coupée par tronçons, la mettre cuire dans de l'eau et du sel ; et au bout de dix ou quinze minutes, selon sa grosseur, la retirer, la dresser, et la servir accompagnée d'une maître d'hôtel chaude, acidulée de quelques gouttes de citron et entourée d'un cordon de pommes de terre frites ou cuites à l'eau.

ÉCREVISSES

Écrevisses. — On apprête les écrevisses de différentes façons, la meilleure est au *court-bouillon*. On choisit de belles écrevisses, en ayant soin, si l'on n'emploie pas la totalité le même jour, de laisser celles que l'on veut réserver dans un baquet, que l'on se garde de couvrir et dans lequel on met seulement quelques centimètres d'eau pour que les écrevisses puissent respirer et absorber autant d'air que d'eau ; on y ajoute quelques herbes fraîches, si l'on en a sous la main. Pour cuire les écrevisses, on les lave à plusieurs eaux et on les vide en tirant un petit boyau noir et amer, qui se trouve dans la longueur de la queue.

On les met dans un court-bouillon composé de

bon vin blanc (le vin rouge a l'inconvénient de noircir les écrevisses), ou de moitié eau et moitié vinaigre, de thym, laurier, persil, ail, poivre, sel, muscade, oignons, carottes coupées en rouelles, etc.; quand ce court-bouillon a bouilli pendant une demi-heure, on y jette les écrevisses, en ayant soin que le court-bouillon les recouvre entièrement; au bout

Buisson d'écrevisses.

de 7 à 8 minutes, les ôter du feu et les laisser refroidir. Placer ensuite les écrevisses dans une terrine, et verser dessus le court-bouillon passé au tamis; pour les servir, les égoutter et les dresser en rocher sur une serviette couverte d'un lit de persil.

Il faut garder le court-bouillon pour réchauffer les écrevisses le lendemain; ce court-bouillon réchauffé n'en est que meilleur.

Écrevisses à la bordelaise. — Les écrevisses étant cuites *au court-bouillon* (Voir la recette), passer au beurre carottes et oignons coupés en petits dés; laisser tomber à glace, mouiller avec vin blanc et un peu de la cuisson; laisser réduire, assaisonner fortement de persil et de poivre de Cayenne; réchauffer dans cette sauce les écrevisses, et, pour les servir, verser le tout dans une casserole à légumes.

TORTUE

Tortue. — La chair de la tortue, marine ou terrestre, est estimée. Les œufs sont nourrissants et assez recherchés.

Outre les potages que l'on fait avec la tortue et le produit que l'on en tire comme nourriture dans divers pays, on en fait encore des bouillons qui réussissent assez bien dans certaines maladies.

GRENOUILLES

Grenouille. — Il n'y a qu'une saison pour manger les grenouilles dans toute leur bonté, c'est en février et mars. On fait avec les grenouilles des potages sains, adoucissants et légèrement nourrissants.

On les accommode de la manière suivante : Après avoir écorché les grenouilles et supprimé ce qui ne se mange pas, on les jette à mesure dans l'eau fraîche, pour les faire bien dégorger et blanchir; on les met tremper ensuite dans du blanc d'œufs, on les saupoudre avec de la farine, et on les fait frire d'une belle couleur. Lorsqu'elles sont dressées sur le plat, on exprime dessus un ou deux citrons, et on les sert brûlantes.

COLIMAÇONS

Les colimaçons, sous le nom vulgaire d'escargots, entrent aujourd'hui pour une part si grande dans l'alimentation qu'ils ont ici droit à une place.

Les meilleurs escargots mangés à Paris sont ramassés dans les vignes de la Bourgogne. Voici la manière de les toujours manger bons.

Après un jeûne sévère et prolongé, laver les escargots dans deux ou trois eaux; puis, les placer sur le feu, baignant dans de l'eau additionnée d'un peu de potasse, laisser blanchir jusqu'à ce que l'escargot, puisse facilement s'arracher de la coquille; procéder à cette opération pour tous et les mettre, pendant quelques heures, à dégorger dans de l'eau fraîche que l'on aura le soin de renouveler d'heure en heure, sans manquer de manier les escargots pour les bien débarrasser de toute matière visqueuse. Égoutter ensuite les escargots et les mettre à sécher sur une serviette. Alors, prendre les coquilles, qu'on aura également fait sécher, placer dans chacune d'elles un peu de beurre maître d'hôtel, y enfoncer ensuite un colimaçon et fermer la coquille avec un morceau de beurre maître d'hôtel; au moment de servir, faire chauffer au four, sous le four de campagne ou simplement sur le gril, et servir.

LÉGUMES

Asperges. — Ce légume est peu substantiel et fort délicat. On sert les grosses asperges cuites à l'eau, pour les manger soit à la sauce blanche,

soit à l'huile. Les petites s'accommodent en façon
de petits pois. Les asperges se mangent encore à
la crème, au jus, confites et en omelette. On les
sert avec la main quand la chaleur n'est pas
excessive; si l'on craint de se brûler, on emploie des pinces, mais alors seulement. (Voir
page 12.)

Les asperges, après avoir été ratissées, et soigneusement lavées se font cuire à l'eau bouillante
et légèrement salée; elles se servent accompagnées d'une sauce blanche ou simplement de
beurre fondu assaisonné de sel et de poivre, dans
lequel on a jeté un peu de panure passée au
beurre.

Asperges (Pointes d') au jus. — Sauter des pointes
d'asperges avec du lard fondu, poivre blanc, sel,
persil et cerfeuil hachés; faire cuire le tout à feu
doux dans du bouillon; dégraisser et servir avec
du jus de rôti.

Asperges (Omelette et œufs brouillés aux pointes
d'): — Après les avoir fait blanchir, couper les
asperges en petits morceaux et les passer dans un
roux avec sel, poivre, persil et ciboules hachés;
ajouter un peu de lait, et, quand elles sont cuites,
les mêler à des œufs préparés pour l'omelette que
l'on fait comme à l'ordinaire. On opère de la même
manière pour les œufs brouillés, seulement on n'y
met point de ciboule. Pour les accommoder en petits pois, il faut les couper en façon de petits pois,
les blanchir, puis les accommoder à son gré.

ARTICHAUTS

Artichauts à la sauce blanche. — Parer des artichauts en enlevant ce qui reste de la tige, donnant de la forme au fond et supprimant les grosses feuilles à l'extrémité de toutes les autres ; les laver avec soin et les mettre dans un chaudron plein d'eau salée bouillante. Quand ils seront cuits, les

Artichauts camus.   Artichauts verts.

retirer et les mettre dans de l'eau froide ; ôter le foin ; les remettre dans l'eau bouillante, les égoutter, et les servir masqués d'une sauce blanche ou avec la sauce à part.

A une sauce blanche, on peut substituer une sauce brune.

Artichauts grillés à la provençale. — Faire cuire les artichauts à moitié, les parer, en ôter le foin, les bien égoutter, les faire mariner dans de bonne huile légèrement salée, remplacer le foin par une cuillerée d'huile, sel, poivre, ciboule et persil hachés, finir de cuire sur le gril ; lorsqu'ils

sont bien rissolés, les arroser d'une cuillerée
d'huile fine.

Artichauts frits. — Après les avoir parés comme
il est dit ci-dessus, couper les artichauts par tranches du sommet à la base, et les laver dans l'eau
vinaigrée, les égoutter, puis les passer dans une
pâte à frire et les frire dans de l'huile ou du saindoux, les égoutter devant le feu, les dresser en
buisson et les servir surmontés de persil frit et
saupoudrés de sel.

Artichauts à la Barigoule. — Parer, blanchir
et débarrasser les artichauts de leur foin et y substituer une farce composée de champignons, échalotes et persil hachés, lard râpé, le tout assaisonné
et passé au beurre. Pour les cuire, les ficeler, les
mettre dans une casserole entourés de bardes de
lard, les arroser d'huile et les laisser mijoter, puis,
les servir sur leur sauce réduite.

Artichauts en fricassée de poulet. — Ce sont des
artichauts préparés comme pour être frits : on les
fait cuire à l'eau bouillante et salée; lorsque leur
cuisson est complète, on les jette dans de l'eau
froide, on les fait égoutter, on les accommode ensuite en fricassée de poulet.

Artichauts à la bonne femme. — Après les avoir
préparés comme pour les *artichauts à la sauce
blanche*, et les avoir bien réchauffés, les égoutter,
les mettre sur un plat chaud et verser dessus une
sauce blanche, dont on a soin de remplir les fonds

et les interstices des feuilles. On peut remplacer la sauce blanche par une grande sauce ravigote, ou bien encore par une sauce au jus.

AUBERGINES

Aubergines à la provençales. — Fendre en deux les aubergines, en ôter les graines, les ciseler avec la pointe d'un couteau, les saupoudrer de sel et les laisser ainsi une demi-heure, les presser ensuite entre les mains pour en extraire l'eau, les saler et poivrer, les arroser d'huile fine, y semer un peu de persil haché menu, et les faire griller sur le gril.

Aubergines frites. — Enlever la peau des aubergines, les couper sur la longueur en deux, trois ou quatre, suivant leur grosseur; ciseler toutes ces parts, les saupoudrer de sel et poivre, les laisser mariner, en exprimer l'eau, puis, les mettre à frire dans de bonne huile d'olive; on les sert bien égouttées et surmontées de persil frit.

Aubergines farcies. — Les peler, les couper en deux, les ciseler, les saler, leur faire rendre leur eau, puis, les disposer sur un plat à gratin, les assaisonner, les arroser d'huile, puis mettre sur chaque aubergine une farce, soit maigre soit grasse, arroser d'huile, semer sur le tout un peu de chapelure de pain, et cuire au four ou sous un four de campagne.

Aubergines (salade d') à la provençale. — Peler

les aubergines, les couper par tranches, les faire
macérer pendant une heure ou deux dans du vinaigre, du sel gris, du poivre noir. Essuyer ensuite,
étancher fortement ces morceaux dans une serviette, et les apprêter en salade en y joignant des
raiponces crues, du cresson de fontaine, des œufs
durs, des olives farcies et quelques morceaux de
thon mariné.

BETTERAVES

La betterave se mange surtout en salade. On
les lave, puis, on les met cuire au four sur un gril,

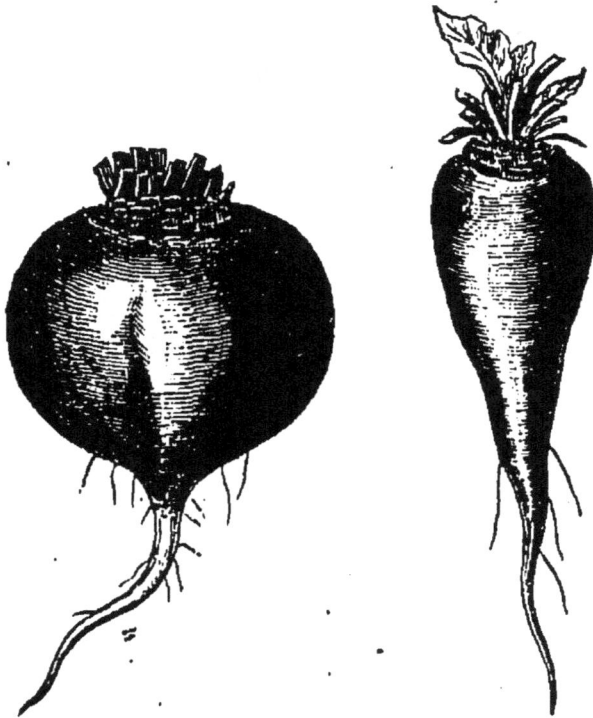

Betterave ronde.   Betteraves longue.

pour qu'elles se torréfient également. Lorsque leur

peau est devenue ridée et presque charbonnée, on peut en conclure qu'elles sont complètement cuites.

Betteraves en salade. — Coupées en tranches, on les mange soit avec de la mâche et du céleri, soit avec la barbe-de-capucin, soit avec des légumes cuits. On peut accompagner ces sortes de salades de petits oignons glacés, de fleurs de capucine, ou de tiges de cresson de fontaine.

Betteraves à la crème. — Peler et émincer des betteraves en filets, puis les faire cuire doucement dans une béchamel; quelques grains de verjus muscat y font au mieux.

Betteraves à la poitevine. — Les betteraves étant cuites au four, les couper en tranches et les placer dans un roux mouillé d'eau ou de bouillon dans lequel auront cuit des oignons hachés; assaisonner avec des quatre épices, et, au moment de servir, ajouter une demi-cuillerée de fort vinaigre.

Betteraves à la chartreuse. — Tremper dans une pâte à frire des tranches de betteraves jaunes, deux à deux, et entre lesquelles sera une rouelle d'oignon cru, le tout assaisonné de cerfeuil, de pimprenelle, de muscade et de sel; avoir le soin d'enlever tout le centre de la tranche d'oignon pour que son goût n'absorbe pas celui de la betterave, faire frire de belle couleur, et servir cette friture saupoudrée de sel et garnie de persil frit.

CARDONS

Cardons au maigre. — Après avoir épluché et lavé les cardons, les couper par morceaux, et les mettre dans l'eau bouillante avec du sel et une cuillerée de farine, les remuer, et quand ils sont cuits, les égoutter et les masquer d'une sauce blanche.

Cardons au gras. — Après les avoir préparés comme les cardons au maigre, au lieu de verser dessus une sauce blanche, y mettre une sauce blonde au bouillon.

Cardons au gratin. — Les cardons préparés comme il a été dit à l'article *Cardons au maigre*, beurrer le fond d'un plat à gratin, le saupoudrer de chapelure, ranger dessus les cardons en les saupoudrant de mie de pain, les arroser de beurre fondu, et placer le plat sur de la cendre chaude, en le recouvrant du four de campagne. — Si l'on mêle du fromage râpé à la mie de pain, on a alors les cardons à l'italienne.

Cardons à la poulette. — Les cardons préparés comme il a été dit à *Cardons au maigre*, mettre dans une casserole du beurre manié de farine, y ajouter de la crème, et y faire sauter les cardons. La sauce se lie avec des jaunes d'œufs et quelques gouttes de jus de citron ou de vinaigre.

CAROTTES

En cuisine, l'emploi de la carotte, surtout de la grosse carotte rouge, est des plus fréquents. — La carotte courte de Hollande est aussi utilisée très souvent en garniture.

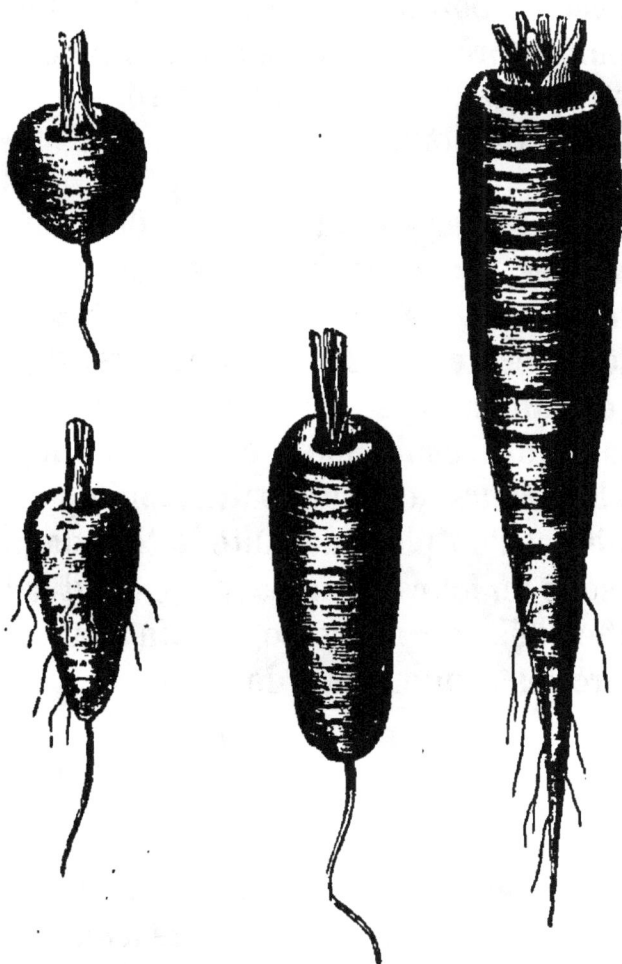

Carottes courtes de Hollande. Carotte demi-longue. Carotte rouge longue.

Préparée seule, la carotte est également un excellent manger.

Carottes à la ménagère. — Couper les carottes en rouelles et les mettre à cuire dans du bouillon avec addition de vin blanc, gros poivre, bouquet garni ; quand elles sont cuites, lier la sauce avec du beurre manié de farine, et servir.

Carottes à la maître d'hôtel. — Les cuire dans de l'eau, avec du bouillon, ou du beurre et un peu de sel ; puis, après qu'elles sont égouttées, les essuyer et les sauter avec du beurre, du persil haché, sel et gros poivre.

Carottes au sucre. — Cuire dans de l'eau des carottes rouges, puis les faire presque dessécher dans une casserole, les écraser alors et y incorporer du lait, de la fécule, du sucre en poudre, de l'eau de fleur d'oranger, des œufs entiers auquels on ajoute des jaunes seulement ; on amagalme, puis on ajoute les blancs des œufs battus en neige et du beurre frais, et l'on place de suite le tout dans une casserole sous un four de campagne. Quand la cuisson est effectuée, on renverse sur un plat, et l'on sert les carottes saupoudrées de sucre.

CÉLERI

Le plus grand usage du céleri est en salade. Dans les grands jours, on le mange avec une rémoulade dans laquelle on ne ménage pas la moutarde.

Céleri à l'espagnole. — Après l'avoir fait cuire comme les *cardons au maigre*, faire bouillir quelque temps dans un roux mouillé de bouillon très-consommé, dégraisser, et servir.

Céleri frit. — Fendre en deux des pieds de céleri cuits comme ci-dessus, les mariner dans du sel et un filet de vinaigre, les passer dans de la pâte à frire, et les frire de belle couleur.

Céleri au gratin. — (Voir *Cardons au gratin.*)

Céleri-rave. — Il se prépare comme le céleri ordinaire.

CERFEUIL BULBEUX

Cerfeuil bulbeux. — Les racines de cerfeuil bulbeux, après avoir été blanchies, se font sauter au beurre ; on les mange sucrées ou assaisonnées de poivre, de sel et de persil haché menu. La meilleure manière est de les servir en haricots de mouton.

CHICORÉE

La chicorée sauvage, jeune et tendre, ne se mange qu'en salade.

La chicorée cultivée et blanchie se mange aussi en salade ; mais verte, principalement la frisée, elle se prépare par la cuisson.

Chicorée au jus. — Faire blanchir des chicorées entières, les égoutter, les fendre par le milieu, les assaisonner de poivre, les ficeler par deux, et les faire cuire dans du bouillon avec un bouquet garni, laisser entièrement réduire le bouillon, et détacher un peu les chicorées, puis les retirer, en enlever les ficelles et les servir masquées d'une sauce faite d'un roux, mouillée avec du bouillon.

Chicorée à la crème. — Après l'avoir blanchie, la hacher, la passer au beurre, y ajouter de la crème, du sucre en poudre et un peu de muscade, puis tourner la sauce jusqu'à ce qu'elle soit bien liée, et servir.

Chicorée au velouté. — Procéder comme ci-dessus, mais sans additionner de sucre, et ajouter à la crème même quantité de bon jus de viande.

CHOU

Le meilleur est le choux dit de Milan. Ne jamais employer des choux sans au préalable les faire blanchir.

Chou au lard. — Le chou étant blanchi, le couper par quartiers et le remettre dans la marmite avec un morceau de petit salé, un saucisson et quelques tranches de lard; mouiller avec de l'eau; ajouter poivre et muscade; pousser le feu jusqu'à l'ébullition et le ralentir ensuite; après cuisson dresser le chou et placer dessus le petit salé; on fait réduire la cuisson en la liant sur le feu avec un morceau de beurre manié de farine, et on verse cette sauce sur le chou.

Chou farci. — Enlever les grosses feuilles, qui sont vertes et dures; faire blanchir le chou, en ôter le cœur et le presser pour en faire sortir l'eau. Préparer alors une chair à saucisses mêlée à quatre jaunes d'œufs et de la moelle de bœuf, et remplir avec cette farce le vide que l'on a fait en ôtant le cœur du chou; soulever ensuite les feuilles une à une, et mettre sur chaque feuille une cuillerée de farce bien étendue; replacer chaque feuille ainsi farcie dans l'ordre primitif, et ficeler le chou sans trop le serrer, afin de ne pas l'endommager; le mettre alors dans une casserole avec un cervelas, un bouquet garni, oignons, carottes, muscade râpée, gros poivre; couvrir de bardes de lard et mouiller avec du bouillon; après cuisson, dégraisser le chou, en ôter avec soin les ficelles et l'arroser avec sa cuisson mêlée d'un peu de jus.

Choux au gratin. — Quand il reste la veille des choux cuits à la marmite, les mettre dans un plat à gratin enduit de beurre, en les mélangeant avec du gruyère râpé, les arroser de beurre fondu, les saupoudrer de fromage râpé et de chapelure de pain, puis les faire gratiner sous un four de campagne ou un couvercle couvert de feu.

Choux de Bruxelles. — Après avoir ôté les premières feuilles, les blanchir et les mettre à cuire à l'eau de sel, les égoutter avec grand soin et les servir sur un morceau de beurre avec sel, gros poivre et persil haché.

Choux brocolis. — Ces choux se cuisent à l'eau de sel, après avoir été blanchis, et se mangent à la sauce au beurre, à la sauce à la crème, ou bien à l'huile et au vinaigre.

Choucroûte. — Pour préparer la choucroûte, il faut d'abord la laver, puis la blanchir à l'eau bouillante, et enfin la mettre à cuire pendant sept à huit heures dans du bouillon et des dégraissés de marmite.

C'est une excellente habitude de cuire la choucroûte la veille du jour où on la veut manger.

Choucroûte garnie. — Après avoir lavé et blanchi la choucroûte, la mettre à cuire avec du petit lard, des cervelas et des saucisses en la mouillant de bouillon, avec addition de jus ou de graisse de volaille, d'un oignon piqué et d'un bouquet garni. Après cuisson, égoutter la choucroûte, la dresser sur un plat et ranger autour le petit lard coupé en morceaux, le saucisson coupé en rouelles et les saucisses entières.

CHOUX-FLEURS

Choux-fleurs à la sauce blanche. — Éplucher, laver, blanchir et faire cuire les choux-fleurs à l'eau bouillante salée, les égoutter, les dresser et les masquer avec une sauce blanche épaisse.

Choux-fleurs au gratin. — Préparer et cuire les choux-fleurs comme il est dit ci-dessus, puis, les mélanger à une sauce blanche épaisse dans laquelle on aura incorporé du fromage de gruyère râpé; beurrer un plat à gratin, et verser des choux, les saupoudrer de fromage râpé, les arroser de beurre fondu, les saupoudrer de chapelure de pain et faire gratiner dans un four de campagne.

Choux-fleurs en marinade. — Après les avoir préparés comme *à la sauce*, les mélanger à une sauce blanche, puis les laisser refroidir, les prendre ensuite à l'aide d'une cuillère, morceau par morceau, en veillant à ce que chaque morceau soit garni de sauce, et les placer dans de la pâte à frire, d'où on les retire pour les frire de belle couleur, et les servir surmontés de persil frit.

Choux-fleurs en salade. — Après les avoir cuits et égouttés comme il a été dit, les servir accompagnés d'un huilier et recouverts d'un semé de persil haché.

CHAMPIGNONS

Les champignons s'emploient pour garniture et s'accommodent de différentes manières.

On doit commencer par enlever toute la terre qui y est adhérente, les laver rapidement dans de l'eau, puis les égoutter. Mettre alors dans un vase de l'eau salée et acidulée de vinaigre et y jeter les champignons après les avoir épluchés un à un. Pour les employer en garniture, on les fait cuire dans cette eau en y ajoutant du beurre; après quelques minutes d'ébullition, on les retire du feu et on les conserve dans leur cuisson où il doivent baigner pour ne pas noircir.

Champignons à la provençale. — Après les avoir

nettoyés et parés comme il a été dit ci-dessus, leur couper la queue, les faire cuire à feu doux dans une casserole avec de l'huile et un demi-verre de vin blanc et les disposer ensuite sur un plat à gratin ; hacher les queues, les passer dans une casserole avec beurre, persil haché, anchois écrasés et une pointe d'ail si on l'aime. Mettre un peu de cette farce sur chaque champignon, les saupoudrer de chapelure de pain, leur faire prendre couleur sous le four de campagne, et servir.

On peut remplacer l'huile par du beurre.

Champignons à la poulette. — Après les avoir fait cuire comme pour garnitures, les mettre dans une casserole avec un morceau de beurre et une cuillerée de farine, faire fondre le beurre en remuant, ajouter un peu d'eau ou de bouillon, lier avec des jaunes d'œufs et un filet de vinaigre, et servir.

Champignons en croûte. — Après les avoir préparés comme à la poulette avec de l'excellent bouillon, les servir sur une croûte de pain desséchée au four ou sur le gril et beurrée.

Morilles sautées. — Éplucher les morilles, fendre en deux les plus grosses, les laver et les mettre à dégorger dans de l'eau tiède pendant dix minutes, les égoutter ensuite et les placer dans une casserole avec du beurre, du jus de citron et un peu de muscade râpée, une pincée de sucre en poudre, sel, poivre ; sauter le tout pendant dix minutes ; ajouter assez de consommé pour qu'elles baignent, un petit bouquet de persil et un oignon piqué d'un clou de girofle. Faire cuire à petit feu pendant une demi-heure ; puis enlever le bouquet et l'oignon, et ajouter un filet de vinaigre.

Morilles (croûtons aux). — Les morilles étant préparées, les mettre dans une casserole avec un morceau de beurre et un bouquet de persil et de ciboules, passer au feu, ajouter une pincée de farine et mouiller avec du consommé. Quand les morilles sont cuites et la sauce réduite, ôter le bouquet, lier avec un jaune d'œuf délayé dans de la crème, ajouter une pincée de sucre en poudre, et servir avec une croûte préparée de la manière suivante : Prendre la croûte de dessus d'un pain mollet, beurrer en dedans et en dehors, la griller sur des cendres rouges, et pour servir, la placer sur le plat, la partie bombée en dessous et verser dessus le ragoût de morilles.

CITROUILLES ET POTIRONS

La chair des citrouilles et potirons se mange en potage au lait trempé avec du pain, en gâteaux fourrés, en crème cuite et gratinée, etc.

CONCOMBRES

Concombres au blanc. — Couper les concombres en quatre ou en huit, les peler, en ôter les graines, et les blanchir cinq minutes à l'eau bouillante salée; les rafraîchir, les égoutter et les mettre dans une casserole sur du lard ou du beurre fondu, les y laisser un instant, puis ajouter un peu de farine, mouiller avec du bouillon et les laisser cuire à petit feu; après cuisson, ajouter du lait ou de la crème et du persil haché, lier avec des jaunes d'œufs et un filet de vinaigre, et servir.

On peut, avec le lait, incorporer du fromage râpé, ce qui produit des concombres à l'italienne qui ne sont point sans mérite.

Concombres farcis. — Couper le bout des concombres et les vider à l'aide d'une petite cuillère, les peler et les blanchir à l'eau bouillante salée et acidulée; les rafraîchir, les égoutter, puis les remplir d'une farce cuite, et les braiser avec une demi-braise; après cuisson, passer, dégraisser le mouillement, le faire réduire au besoin et en masquer les concombres, dressés dans un plat.

CRESSON

Il y a deux sortes de cresson : le cresson de fontaine et le cresson alénois.

Le cresson de fontaine se mange en salade et s'emploie à garnir les volailles rôties. Dans ce dernier cas, il suffit, au moment même de servir, de le saupoudrer d'un peu de sel, et de le mouiller de quelques gouttes de vinaigre.

Le cresson alénois s'emploie de même. Dans une salade d'œufs, il fait au mieux.

Après avoir enlevé les queues des épinards, les bien laver, puis les blanchir dans de l'eau bouillante salée, les en retirer rapidement et les jeter dans de l'eau fraîche ; on les égoutte ensuite et on les hache grossièrement.

Épinards à la maître d'hôtel. — Après les avoir préparés comme il est dit ci-dessus, les mettre sur le feu dans une casserole, les assaisonner de sel, gros poivre et muscade râpée ; quand ils sont bien chauds, ajouter un morceau de beurre, remuer jusqu'à ce qu'il soit fondu, et servir.

Épinards à l'ancienne. — Mettre les épinards blanchis et hachés dans une casserole avec beurre, sel et muscade râpée ; ajouter un peu de beurre manié de farine, du sucre et de la crème, et dresser avec une garniture de tranches de biscuits.
On prépare encore les épinards à l'anglaise, et on en fait des crèmes et des rissoles.

Épinards au jus. — Les épinards étant blanchis et hachés, les mettre dans une casserole avec de la muscade, du gros poivre, un bon morceau de beurre ; ajouter ensuite en quantité suffisante, du blond de veau ou du jus de fricandeau, et, au moment de les servir, un peu de beurre frais. Garnir de croûtons frits.

FÈVES

Quand la fève est jeune, on la mange entière; quand elle approche du terme de sa croissance, on doit en enlever la peau ou la *dérober*.

Fèves à la crème. — Faire blanchir les fèves, les jeter ensuite dans de l'eau fraîche, les égoutter, les passer au beurre à demi roux; assaisonner de sel, poivre, persil haché fin et d'un bouquet de sarriette, qui est de rigueur; ajouter un peu de farine . et mouiller avec du bouillon. Au moment de servir, ajouter de la crème bien fraîche, laisser chauffer et servir avant l'ébullition.

HARICOTS

Haricots verts à la poulette. — Choisir des haricots petits et tendres, et, après les avoir épluchés, rafraîchis, les cuire à grand feu dans de l'eau salée bouillante, les retirer ensuite et les jeter dans l'eau fraîche. Quand ils sont refroidis, les retirer et les égoutter. Couper alors un oignon en dés, le passer à blanc dans du beurre; quand il est presque cuit, y ajouter un peu de farine, mouiller avec du bouillon et ajouter sel, poivre, persil et ciboule hachés, lier avec des jaunes d'œufs et un filet de vinaigre, et servir. La sauce ne doit pas être longue.

Haricots verts à l'anglaise. — Après que les haricots seront cuits comme il est indiqué ci-dessus et bien égouttés, mettre un morceau de beurre sur un plat à servir, dresser les haricots, les entourer d'un cordon de persil haché, chauffer le plat, et servir promptement.

Haricots verts à la lyonnaise. — Passer au beurre des oignons hachés dans une poêle à frire, quand ils ont pris couleur, y ajouter les haricots assaisonnés de sel, poivre, persil et ciboule hachés; faire sauter le tout et servir avec un filet de vinaigre passé à la poêle.

Haricots blancs nouveaux à la maître d'hôtel. — Mettre à cuire dans de l'eau fraîche avec sel et un morceau de beurre des haricots fraîchements écossés, les écumer, les laisser mijoter et, après cuisson, les égoutter et les sauter dans une casserole avec du beurre *à la maître d'hôtel.*

Haricots de Soissons au lard. — Après avoir lavé et fait tremper deux heures les haricots, les mettre à cuire avec du lard coupé en morceaux, poivre et oignons piqués et bouquet garni; tâcher de ne mouiller qu'avec la quantité d'eau nécessaire, afin de n'avoir ni à en enlever ni à en remettre.

Le résultat à obtenir est que les haricots soient parfaitement cuits et bien liés sans être en bouillie.

Haricots rouges à la bourguignonne. — Faire cuire des haricots rouges dans du bouillon de racines avec addition d'un morceau de beurre, d'un bouquet garni et d'oignons piqués de clous de girofle. Après vingt minutes, environ, d'ébullition, enlever les oignons et le bouquet, ajouter du vin rouge, du poivre noir en poudre, et servir ensuite les haricots entourés de petits oignons glacés, de queues d'écrevisses, de filets de hareng, ou de moules frites.

LAITUE

La laitue se mange en salade avec des œufs durs, en ragoût farcie et braisée; à la crème; en marinade; elle sert souvent de garniture.

Laitues au jus. — Les laitues étant épluchées, blanchies et égouttées, les lier, les faire cuire dans une demi-braise, puis les dresser et les servir masquées de leur cuisson passée au tamis et réduite.

Laitues farcies. — Elles se préparent comme les laitues au jus, seulement on en enlève le cœur, que l'on remplace par de la farce de viande.

LENTILLES

Les lentilles s'apprêtent comme les haricots; il faut les choisir d'un blond clair, et s'assurer qu'elles sont de cuisson facile.

Les lentilles servent principalement à faire des purées, soit pour potages, soit pour masquer des viandes braisées, telles que langues et queues de bœuf, filets de mouton, etc.

IGNAME

L'igname se cuit au four ou sous la cendre, on le mange soit avec du beurre soit à la crème sucrée en le liaisant de jaunes d'œufs.

MELON

C'est un tort de manger avec du sucre les melons, qui toujours se doivent servir au commencement du repas, le melon est de digestion peu facile et l'on fait très bien de l'accompagner de sel et de poivre.

NAVETS

Navets à la béchamel. — Les navets, blanchis, et cuits dans du bouillon, sont servis masqués d'une sauce à la béchamel.

Navets à la poulette. — Tourner en poires une trentaine de navets ; les blanchir; mettre dans une casserole un morceau de beurre avec une cuillerée de farine, faire un roux blanc, le mouiller avec du bouillon; jeter dedans les navets, les laisser cuire, et, quand la sauce est suffisamment réduite, ajouter un peu de sucre en poudre. Au moment de servir, lier avec du beurre et des jaunes d'œufs.

Navets au sucre. — Éplucher et tourner des

petits navets ; les faire revenir dans du beurre ;
quand ils sont de belle couleur, les saupoudrer de
sucre, ajouter un peu de sel, les mouiller d'une
cuillerée ou deux de bouillon, couvrir la casserole,
et faire cuire à petit feu.

Navets glacés. — Tourner en poire douze ou
quinze beaux navets de grosseur égale ; les faire
blanchir, puis égoutter ; garnir de beurre le fond
d'une casserole assez grande pour les contenir, les
y placer les uns à côté des autres ; mouiller avec du
bon bouillon ; ajouter un peu de sel, un peu de
sucre en poudre, et un peu de cannelle ; dès qu'ils
commencent à bouillir, les couvrir avec un rond
de papier beurré ; poser la casserole sur le bord du
fourneau avec du feu sur le couvercle ; quand ils
sont suffisamment cuits, découvrir la casserole et
faire tomber les navets à glace ; dresser sur un plat ;
verser dans la casserole un peu de bouillon, pour
en détacher la glace ; enlever la cannelle et masquer
les navets avec cette glace.

Navets au jus. — Après avoir épluché et paré des
navets, leur faire jeter un bouillon dans de l'eau ;
les égoutter et les passer ensuite dans du beurre
auquel on ajoute un peu de sucre en poudre ; quand
les navets sont suffisamment colorés, les mouiller
avec du jus ou du consommé ; ajouter sel, poivre,
bouquet garni ; et, après cuisson, faire réduire la
sauce, la dégraisser et la lier avec du jus ou un peu
de beurre.

OIGNONS

Oignons en purée à la Soubise. — Faire fondre à petit feu dans du beurre une certaine quantité d'oignons blancs épluchés et hachés; ajouter deux

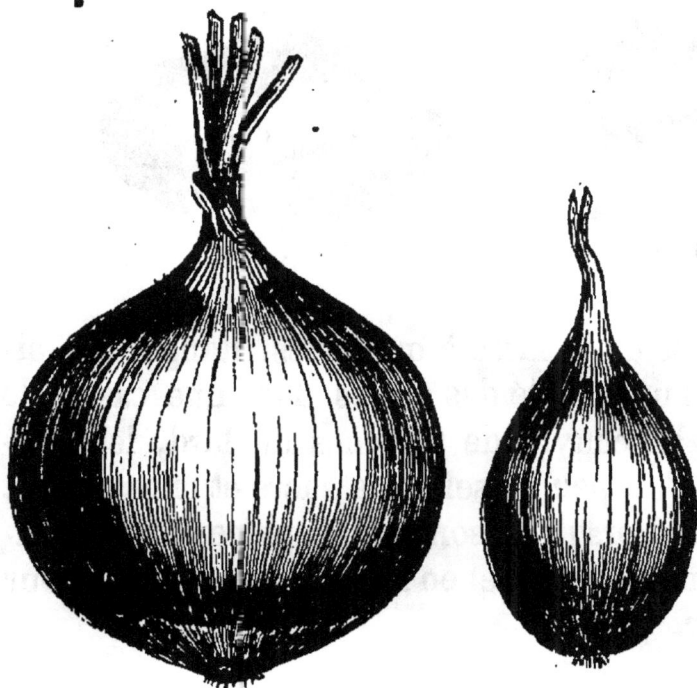

Oignon du midi.   Oignon globe.

ou trois cuillerées de haricots blancs en purée, un peu de muscade râpée, et passer à l'étamine.

Oignons en ragoût. — Faire cuire des oignons dans la cendre chaude, les éplucher avec soin et les mettre dans une casserole avec du jus de viande; laisser mijoter pendant vingt minutes, et lier ensuite avec une pincée de fécule et un peu de moutarde.

Oignons farcis. — Éplucher vingt ou trente gros oignons, les faire blanchir, rafraîchir et égoutter ; les creuser avec un vide-pomme, et remplir cette

Oignon blanc.

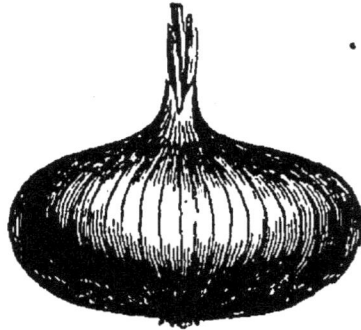

Oignon jaune.

cavité avec de la farce à quenelles. Ranger les oignons les uns à côté des autres dans une casserole à sauter, les couvrir de tranches de lard, les saupoudrer d'un peu de sel et de sucre et faire cuire à grand feu. Lorsqu'ils sont cuits, passer et faire réduire le mouillement et en masquer les oignons pour les servir.

Oignons glacés. — Choisir des oignons blancs de même grosseur, et les éplucher avec soin. Beurrer le fond d'une casserole à sauter, mettre les oignons les uns à côté des autres ; ajouter un peu d'eau, sel et poivre, sucre en poudre, et encore un peu de beurre. Couvrir les oignons d'un rond de papier beurré, mettre la casserole sur un feu assez ardent, que l'on modérera lorsque le mouillement sera réduit de moitié. Laisser s'achever la cuisson, et servir quand le mouillement sera tombé à glace.

OSEILLE

Oseille en purée au gras. — Mettre à sec, dans une casserole, après les avoir hachés, de l'oseille, de la laitue, de la poirée et un peu de cerfeuil ; remuer jusqu'à ce que le tout soit fondu ; mettre alors un morceau de bon beurre, et tourner toujours l'oseille ; assaisonner avec du sel et du poivre ; lier avec de la crème et des jaunes d'œufs, et servir.

Oseille en purée au maigre. — Après avoir fait fondre l'oseille comme la précédente et en avoir retiré l'eau, ajouter du beurre et tourner l'oseille jusqu'à ce que le beurre soit aussi chaud que possible sans bouillir, et servir.

Outre les différentes espèces de viandes et de poissons que l'on mange avec de l'oseille, on la sert aussi avec des œufs durs chauds placés dessus, ou avec une garniture de petits croûtons frits dans le beurre.

PATATES

Patates (beignets de). — Laver et ratisser les patates, les couper par morceaux en longueur, les tremper pendant une demi-heure dans de l'eau-de-vie avec de l'écorce de citron ; les égoutter, les tremper dans une pâte à beignets et les frire ; quand ils sont de belle couleur, les servir saupoudrés de sucre.

Patates au beurre. — Après les avoir fait cuire à la vapeur de l'eau et les avoir débarrassées de leur enveloppe, les couper en morceaux et les sauter dans une casserole avec un peu de sel et un bon morceau de beurre.

PIMENT

Les piments s'emploient en cuisine pour rehausser vivement les mets et surtout les viandes froides;

Piment doux.

Piment du Chili.

on les fait généralement confire dans du vinaigre comme les cornichons. Toutefois, en passant le pi-

Piment cerise.

Piment rouge long.

ment doux sur le gril, en enlevant la première peau et en le hachant grossièrement, on en obtient un excellent hors-d'œuvre en l'arrosant d'huile et de vinaigre et le saupoudrant de sel.

POMMES DE TERRE

Pommes de terre en chemise. — Faire cuire à l'eau de sel et au four de bonnes pommes de terre ; les servir sous une serviette avec du beurre à part.

Pommes de terre à la maître d'hôtel. — Laver les pommes de terre, puis les mettre à cuire dans une casserole avec de l'eau et du sel ; quand elles sont cuites, les dépouiller et les couper en rouelles, les mettre dans une casserole avec du beurre, du persil, de la ciboule hachés, sel et gros poivre, les sauter ; et quand le beurre est fondu et que tout est bien lié, ajouter du jus de citron ou un filet de vinaigre.

Pommes de terre à l'anglaise. — Faire cuire des pommes de terre à l'eau de sel, puis les éplucher ; faire fondre dans une casserole un morceau de beurre ; couper en tranches les pommes de terre et les jeter dans ce beurre ; ajouter sel, poivre, et sauter le tout, en évitant que le beurre tourne en huile.

Pommes de terre à la parisienne. — Mettre dans une casserole du beurre ou de la graisse et un ou plusieurs oignons coupés en très petits morceaux ; faire revenir l'oignon ; mouiller avec de l'eau ou du bouillon ; mettre les pommes de terre avec sel, poivre et bouquet ; laisser cuire le tout et servir.

Pommes de terre à la sauce blanche. — Faire cuire des pommes de terre dans l'eau salée ; quand elles sont cuites, enlever la peau ; couper par tranches, et verser dessus une sauce blanche faite avec de la fécule, et servir.

Pommes de terre au lard. — Faire revenir dans du beurre des petits morceaux de lard de poitrine, ajouter un peu de farine ; faire un roux clair, le mouiller avec du bouillon ou de l'eau ; assaisonner de poivre, sel, bouquet garni ; laisser bouillir quelques instants, ajouter alors les pommes de terre crues, pelées et coupées, si elles sont très grosses ; quand elles sont cuites, dégraisser la sauce, et servir les pommes de terre.

Pommes de terre à la crème. — Mettre dans une casserole un morceau de beurre ; ajouter une cuillerée de farine, persil et ciboule hachés, sel, poivre, muscade râpée ; quand tout est bien mélangé, verser dans la casserole de bonne crème, tourner jusqu'à ce qu'elle soit en ébullition ; couper alors en tranches les pommes de terre cuites et pelées d'avance, les jeter dans la sauce, et servir.

POIS

Petits pois en cosses. — On cultive dans les potagers une espèce de petits pois dont la cosse même,

épluchée de ses *barbillons*, se mange et est presque
aussi tendre que les petits pois. Après les avoir
épluchés, les faire bouillir pendant une demi-heure
dans de l'eau, puis les mettre à revenir dans du
beurre, et finir avec une liaison de jaunes d'œufs
battus et détrempés, dans la crème douce, et ajouter un petit filet de verjus.

Petits pois à la parisienne. — Les mettre dans une
casserole avec un bon morceau de beurre, un peu
d'eau, un peu de sel, du sucre à volonté, un bouquet de persil et quelques petits oignons nouveaux.
Faire cuire à feu modéré pendant une demi-heure;
la cuisson opérée, retirer le persil et les petits oignons, manier de farine un morceau de beurre,
lier avec les petits pois, et servir.

Pois au lard et au jambon. — Passer dans un
roux léger du petit lard coupé en morceaux ou du
jambon coupé en tranches carrées; quand le lard
est bien revenu, mouiller avec du bouillon, jeter
dedans les pois; ajouter un bouquet de persil et
de ciboules, sel et poivre, et faire cuire à feu modéré.

Il serait impossible d'énumérer les diverses préparations qu'on fait subir aux petits pois. On les
sert à la crème, à l'anglaise, comme les haricots
verts; on en fait des potages et des purées. On les
met sous des tendrons de veau, sous des abatis de
volaille, sous des pigeonneaux, sous des petites
côtelettes parées, sous des pieds de mouton; on
les mêle avec des fricassées de poulet, des palais
de bœuf, des oreilles de veau, etc.

Pois chiches. — Le pois chiche, très cultivé dans le Midi, est un excellent légume sec qui renfle beaucoup et qui est très farineux. Il faut une certaine habitude pour arriver à le cuire parfaitement. Il s'accomme comme les haricots à l'huile; ses mérites sont grands.

POURPIER

Pourpier en friture à la milanaise. — Faire macérer pendant plusieurs heures des tiges entières de pourpier avec du jus de citron, du sucre pulvérisé et de la cannelle; les tremper dans de la pâte à frire et les frire à feu modéré; servir chaud.

Pourpier en ragoût. — Faire cuire à demi dans de l'eau blanchie de farine des côtes de pourpier de la longueur du doigt et bien épluchées, les égoutter et les passer sur le feu avec une tranche de jambon mise à suer; puis arroser de bouillon, laisser mijoter et réduire, lier enfin avec du beurre manié d'un peu de farine et un filet de vinaigre.

SALSIFIS

Salsifis à la sauce blanche. — Les ratisser avec soin et les jeter à mesure dans de l'eau acidulée avec du vinaigre, les faire cuire ensuite à l'eau bouillante salée et vinaigrée; et, quand ils sont cuits les égoutter, et les servir avec une sauce blanche au beurre.

Salsifis frits. — Après les avoir préparés *à la sauce blanche*, les laisser refroidir, puis les tremper un à un dans une pâte à frire, en ayant soin que tous soient couverts de sauce blanche; les frire de belle couleur, et les servir saupoudrés de sel.

Salsifis à la crème. — Les cuire à l'eau comme à l'ordinaire, les faire revenir dans du beurre, ajouter un peu de farine, mouiller de crème ou de lait; assaisonner de sel et muscade, laisser jeter un bouillon, et servir.

Les salsifis s'accommodent encore d'une foule de manières.

Lorsqu'on veut les préparer au gras, il faut faire un petit roux, que l'on mouille avec du bouillon que l'on fait réduire et dans lequel on met les salsifis cuits à l'eau comme plus haut.

On mange encore les salsifis à la béchamel, au coulis de jambon et à la moelle, au beurre d'anchois; on les fait entrer dans des potages et dans des salades cuites.

Les jeunes pousses des salsifis sont fort bonnes en salade.

TOMATES

La tomate s'emploie surtout en sauce (Voyez *Sauce tomate*), mais elle se mange également farcie et gratinée, et aussi en salade.

Tomates farcies. — Plonger les tomates dans de l'eau bouillante, en enlever la première peau,

couper le dessus et enlever les graines à l'aide
d'une petite cuiller, puis les remplir de chair à

Tomate rouge.

Tomate rouge hâtive.

saucisses, mettre de l'ail, du persil, des ciboules
et de l'estragon hachés menus
et assaisonnés de sel et de
poivre; mettre les tomates
dans un sautoir avec quelques
cuillerées d'huile d'olive, les
saupoudrer de chapelure, les
mettre sur un feu doux et les

Tomate poivre.

couvrir d'un four de campagne chaud et chargé de
charbon, et, après cuisson, les servir arrosées
d'un jus de citron.

Tomates en salade. — Après les avoir plongées
dans de l'eau bouillante et en avoir enlevé la première peau, les couper en tranches et en ôter les
pepins, couper également en tranches menues des
oignons blancs, puis disposer dans un saladier une
couche de tranches de tomates pour une couche de
tranches d'oignons, et ainsi de suite; saler, poivrer, arroser fortement de vinaigre et laisser mariner; après deux heures retirer les tomates, les

égoutter, les assaisonner avec huile et vinaigre, et servir.

SALADE DE LÉGUMES

Salade de légumes. — Faire blanchir, et cuire ensuite dans du bouillon des carottes et des navets. Les autres légumes, tels que petits pois, haricots de toute sorte, pointes d'asperges, oignons, choux-fleurs, etc., se cuisent dans de l'eau salée. Dresser tous ces légumes, bien égouttés et refroidis dans un saladier, et servir avec un huilier.

Macédoine de légumes. — Tourner en colonnes de deux ou trois centimètres de hauteur, sur un diamètre d'un centimètre environ, des carottes et des navets, les faire blanchir et égoutter, puis achever de cuire dans du bouillon et laisser réduire; prendre ensuite des petits pois, des haricots de toute espèce, des fèves, des petits oignons, des choux-fleurs, des pointes d'asperges, enfin tous les légumes que pourra offrir la saison; les cuire à l'eau de sel, les laisser égoutter, et mêler le tout à une béchamel.

ŒUFS

Œufs à la coque. — Après avoir fait bouillir de l'eau dans une casserole, y mettre et y laisser des œufs pendant trois minutes, ou bien, verser dessus de l'eau bouillante, et les servir dans cette eau.

Œufs à la tripe. — Passer au beurre des tranches

d'oignons, sans les faire roussir; quand ils sont fondus, ajouter de la farine, de la crème, du sel, du poivre, le tout en quantité suffisante pour le nombre d'œufs; faire réduire, puis incorporer des œufs durs coupés en tranches, et faire chauffer sans bouillir.

Si on veut faire les œufs au roux, laisser roussir un peu les oignons et mouiller avec du bouillon au lieu de crème.

On peut se servir de concombres au lieu d'oignons; on les coupe en dés, et on y ajoute du persil et de la ciboule hachés; on mouille avec moitié bouillon et moitié crème.

Œufs au miroir ou *sur le plat*. — Étendre du beurre dans le fond d'un plat allant au feu et assaisonner d'un peu de sel; casser des œufs avec précaution et les verser un à un sur ce lit de beurre; arroser ensuite avec un peu de crème; semer par-ci, par-là, quelques petits morceaux de beurre; saupoudrer le tout de sel et de poivre, placer le plat sur de la cendre chaude et passer une pelle rouge sur la surface des œufs pour les faire prendre.

Œufs en omelette au lard. — Couper en dés 250 grammes de petit lard dessalé, les cuire dans la poêle avec un morceau de lard gras ou de beurre, et, quand il est suffisamment cuit, ajouter les œufs, battus et assaisonnés, faire l'omelette, la rouler, et la servir sur une sauce piquante.

Œufs en omelette au naturel. — Casser dans un vase des œufs frais; ajouter sel, poivre, un peu d'eau, quelques petits morceaux de beurre, et battre le tout avec une fourchette, mais sans excès, placer la poêle sur un feu vif, y mettre un bon morceau de beurre, le laisser fondre sans roussir, y verser les œufs battus, agiter l'omelette pour qu'elle ne brûle pas, et quand elle est presque cuite, introduire dessous un petit morceau de beurre, la rouler, et la servir chaude. On peut, si l'on veut, ajouter des fines herbes. Pour obtenir l'omelette plus délicate, il faut supprimer une partie des blancs, le quart environ.

OEufs en omelette au rognon de veau. — Sauter un rognon de veau comme il est dit à *Rognon de veau sauté*, puis faire une omelette au naturel, et quand elle est prise, y verser le ragoût, la rouler et la servir.

OEufs au beurre noir. — Casser des œufs dans une assiette, les saler et les poivrer, faire roussir du beurre dans la poêle, le verser sur les œufs, et remettre le tout dans la poêle sur le feu ; laisser cuire un instant, les retourner, puis les mettre sur un plat et les arroser avec un peu de vinaigre qui, pendant un instant, aura bouilli dans la poêle.

OEufs brouillés. — Garnir de beurre les parois d'un plat, ajouter sel, poivre, un peu de lait, et les œufs cassés ; mettre le plat sur le feu, battre vivement les œufs, et, quand ils commencent à prendre, les retirer de dessus le feu, continuer à les battre pendant une minute ou deux, puis semer dessus un peu de persil haché menu, et servir.

On fait des œufs brouillés *aux pointes d'asperges*, *au fromage*. On met soit asperges, soit fromage râpé, dans le plat avant les œufs et on procède comme il vient d'être dit.

ŒUfs farcis. — Faire durcir des œufs, les éplucher et les fendre en deux dans leur longueur; enlever les jaunes, les mettre dans un mortier avec de la mie de pain trempée dans de la crème, du beurre en quantité égale à celle des jaunes, du persil et de la ciboule hachés fin, du sel, des fines épices, de la muscade râpée, deux ou trois jaunes d'œufs crus; piler le tout, puis le passer au tamis. Farcir les moitiés d'œufs, en leur rendant leur forme première, les ranger sur un plat dont le fond sera garni avec une partie de la farce; mettre ce plat sur de la cendre chaude et sous le four de campagne, et, lorsque les œufs seront d'une belle couleur, les servir avec une sauce au jus mêlée avec de la crème.

ŒUfs frits. — Placez dans une poêle du beurre, du saindoux ou de l'huile. Cassez les œufs au-dessus de la poêle et versez-les doucement dans la friture en ayant soin qu'ils ne se déforment pas. Quand ils sont cuits à point, c'est-à-dire le jaune étant resté liquide, les servir avec une sauce piquante ou une sauce aux tomates.

ŒUfs pochés. — Mettre de l'eau dans une casserole avec du sel et un peu de vinaigre; quand l'eau bout, modérer le feu, pour que l'ébullition diminue un peu d'intensité; cassez alors des œufs et laissez-les tomber l'un après l'autre dans l'eau bouillante, en évitant que le jaune se rompe. Quand ils sont suffisamment cuits, les enlever avec l'écumoire, les paner et les servir sur du jus, de la purée ou du hachis.

Fondue au fromage. — On donne ce nom à un *entremets* que l'on prépare avec du beurre frais, des œufs brouillés, du gruyère, du poivre et une très petite quantité de sel, ou même pas du tout; on pèse les œufs que l'on veut employer, et on met un tiers de leur poids de fromage râpé ou émincé et un sixième de beurre; on pose sur le feu la casserole, on tourne jusqu'à ce que le tout soit un peu épaissi et mollet, et on sert sur un plat chauffé.

MACARONI

Macaroni à la française. — Mettre à cuire dans de l'eau bouillante 500 grammes de macaroni, avec un morceau de beurre, un peu de sel et un oignon piqué de girofle, l'égoutter ensuite et le placer dans une casserole, avec un peu de beurre, 125 grammes de fromage de Gruyère râpé, autant de fromage de Parmesan, un peu de muscade, du gros poivre et quelques cuillerées de crème; sauter le tout, et servir dès que le macaroni filera.

Macaroni à l'italienne. — Après avoir fait cuire le macaroni dans de l'eau salée, en former successivement des couches dans un plat creux, en les séparant par une couche de fromage de Parmesan ; arrosez ensuite avec du jus de viande, et, quand toutes les couches sont disposées, versez par-dessus du beurre fondu, et servez.

Quand il arrive que le fromage fait huile, il faut remettre le macaroni sur le feu, y mêler un peu de bouillon et remuer un instant.

Macaroni au gratin. — Le macaroni étant préparé comme il est indiqué ci-dessus, le saupoudrer de mie de pain et de fromage râpé, et le placer sous un four de campagne, afin de lui faire prendre couleur.

Macaroni en timbale. — Le macaroni étant cuit dans l'eau de sel et égoutté, ajouter poivre, beurre, fromage de Gruyère et de Parmesan râpés, autant de l'un que de l'autre ; laisser sur le feu jusqu'à ce que le fromage soit fondu ; beurrer un moule, le garnir d'une pâte brisée très mince, mettre dedans le macaroni préparé comme à l'italienne, recouvrir de pâte, et mettre un rond de papier beurré par-dessus la pâte, pour qu'elle ne brûle pas, mettre la timbale au four chaud, et la retirer au bout de trois quarts d'heure, selon la grosseur, la renverser sur un plat, et servir.

RIZ

Après l'avoir lavé, mettre le riz dans de l'eau bouillante et l'y laisser jeter un bouillon ou deux, le retirer, l'égoutter sur un tamis, puis le remettre dans la casserole avec du bouillon ou du lait, et le cuire à petit feu, pour qu'il ne se brise pas. On l'emploie ensuite selon les besoins.

Riz à la ménagère. — Le riz ayant été lavé et blanchi, le mettre à cuire dans du bouillon, avec du petit lard coupé en dés et préalablement revenu dans du beurre. Assaisonner de poivre et de sel, suivant le besoin, et servir après cuisson.

On peut masquer avec une sauce aux tomates.

Gâteau de riz. — Faire blanchir 250 grammes de riz bien épluché et lavé, et le faire crever dans un peu de lait bouilli avec un zeste de citron. Après l'avoir laissé refroidir, y ajouter un peu de sel fin, 125 grammes de sucre, quatre œufs entiers et quatre autres sans les blancs, mis à part. Cela fait, beurrer une casserole, la saupoudrer de mie de pain ; fouetter les blancs d'œufs et les mêler peu à peu avec le riz ; verser le tout dans la casserole et faire cuire au four pendant une bonne demi-heure. La cuisson terminée, dresser le gâteau et servir.

Soufflé de riz. — Faire avec de la farine de riz, une bouillie épaisse, assaisonner de sucre, de macarons pilés ; parfumer avec de la vanille, du café, etc. ; ajouter quatre ou cinq jaunes d'œufs, ainsi que les blancs fouettés en neige ; mettre dans une tourtière sous le four de campagne, et saupoudrer de sucre.

PATISSERIE — OFFICE

Pâte pour les pâtés froids. — Mettre sur une table 1 kilog. 500 grammes de belle farine tamisée, au milieu faire un trou ou fontaine et y placer quatre jaunes d'œufs, 30 grammes de sel fin, 625 grammes de beurre frais, et pétrir avec les mains. Si c'est en hiver, ajouter un verre d'eau froide ou tiède ; mélanger peu à peu le tout, en ramassant et aplatissant la pâte avec la paume des mains. Quand la pâte est bien faite, la réunir en saupoudrant le tout avec de la farine, de manière à en former un seul morceau ; l'envelopper et l'y laisser une demi-heure dans un linge humide avant de s'en servir, afin qu'elle puisse se reposer.

Pâte pour les pâtés chauds, les flans, etc. — Cette pâte se fait comme la précédente ; mais elle varie dans ses proportions ; ainsi, pour un litre de farine, on mettra 186 grammes de beurre, deux jaunes d'œufs, 8 grammes de sel fin et un quart de verre d'eau, et l'on travaille la pâte un peu plus longtemps que la première.

La *pâte à foncer* fine, qui n'est qu'une variété de la *pâte à dresser*, et qui sert à faire le fond de certaines pâtisseries, ainsi qu'à monter les tourtes d'entrée et d'entremets, exige plus de beurre que la précédente ; celle qui sert pour timbales, etc., doit être encore plus grasse.

Pâtés froids. — On fait des pâtés de veau, de

jambon, de volaille, de gibier, de poisson, de foies gras, etc.

Foncer et garnir un moule à pâte avec pâte à pâté froid. Placer dans le fond du pâté une couche de farce et, par-dessus, la viande, le gibier ou le poisson ; serrer et assaisonner de sel blanc et d'épices fines ; couvrir de bardes de lard et de beurre par-dessus et couronner le tout avec une lame de pâte presque aussi épaisse que l'abaisse ; relever la pâte qui dépasse et unir rapidement sans trop appuyer. Le pâté étant ainsi préparé, faire sur le milieu du dessus un trou dans lequel on introduit une carte roulée ou un tuyau en pâte pour empêcher le trou de se refermer pendant la cuisson ; dorer le pâté, par deux fois, avec de l'œuf battu. Quand le pâté est cuit, le laisser refroidir, et boucher le trou avec un peu de pâte crue.

Pâtés chauds. — Après avoir procédé à la confection de la croûte avec de la pâte à foncer, comme il est dit pour les pâtés froids, remplir le pâté de farine et le mettre au four ; quand il est cuit et de belle couleur, ôter la farine et la mie qui remplissent la cavité du pâté et les remplacer par un ragoût quelconque.

Gâteau de plomb. — Faire une pâte avec 125 grammes de farine, 32 grammes de sel, 64 grammes de sucre, 750 grammes de beurre, douze œufs ; la fraiser trois fois, et, si elle est trop ferme, la mouiller avec un peu de lait ; laisser reposer la pâte une demi-heure ; ajouter 250 grammes de beurre, abattre la pâte quatre fois ; former un gâ-

teau très épais; couper les bords en losange; dorer
le gâteau, le mettre sur un plafond, le rayer, le
piquer, et le cuire au four pendant une heure et
demie.

Gâteau feuilleté. — Détremper 500 grammes de
farine avec de l'eau et un peu de sel, et en faire
une pâte molle; au bout d'une demi-heure de repos,
l'étendre avec le rouleau, et couvrir cette abaisse de
beurre frais, puis la plier en double et pétrir avec
le rouleau; recommencer quatre ou cinq fois à replier la pâte sur elle-même; former le gâteau, le
dorer et le faire cuire à feu vif.

Gâteaux fourrés aux confitures. — Former avec
de la pâte à feuilletage deux gâteaux de grandeur
égale et de 6 à 8 millimètres d'épaisseur chacun;
mettre sur l'un des deux des confitures jusqu'à un
doigt du bord et humecter avec un peu d'eau la
portion restée sans confitures; poser le second gâteau sur le premier, les coller l'un contre l'autre,
dorer avec de l'œuf battu et faire cuire au four;
quand le gâteau est cuit, le couvrir de sucre fin et
le glacer à la pelle rouge.

Œufs à la neige. — Faire bouillir dans une casserole du lait avec de la fleur d'oranger et du sucre;
quand il est en ébullition, y incorporer par cuillerées le résultat de six blancs d'œufs battus en neige,
en retournant chaque morceau avec une écumoire,
pour qu'ils cuisent de tous côtés, et les dresser sur
un plat au-dessus du feu, lier le lait avec des jaunes
d'œufs; le retirer du feu, le verser dans un plat

creux et le laisser refroidir; enfin, placer sur le lait les morceaux de neige, et servir froid.

Pouding. — Avoir 500 grammes de raisins secs, débarrassés de leurs pepins, une demi-douzaine d'œufs, un demi-verre de rhum ou d'eau-de-vie, 125 grammes de moelle de bœuf en morceaux, 1 demi-kilog. de fleur de farine ou de maïs, 60 grammes de sucre ou de belle cassonnade, deux verres de lait, du zeste de citron et de la muscade râpée; mélanger le tout; donner de la consistance avec de la mie de pain trempée dans du lait; envelopper cet appareil dans un linge bien ficelé et le mettre dans un chaudron rempli d'eau bouillante, et laisser bouillir pendant quatre heures environ, en le retournant plusieurs fois sens dessus dessous. La cuisson achevée, couper par tranches le pouding; arroser de rhum ou d'eau-de-vie, et y mettre le feu au moment de servir.

Crème ordinaire. — Faire bouillir du bon lait ou de la crème bien fraîche, la sucrer et l'aromatiser soit avec l'eau de fleur d'oranger, soit avec la vanille ou le zeste du cédrat, du citron ou de l'orange, etc.; lorsqu'elle est refroidie, y mettre des jaunes d'œufs, remuer, pour que le mélange se fasse bien; passer la crème, la faire prendre au bain-marie sur un feu modéré, la laisser refroidir, puis la servir dans le vase où elle a été faite.

Frangipane. — La frangipane se fait en délayant, dans de la crème ou dans du lait, une petite quantité de fécule de pommes de terre; on y ajoute des jaunes d'œufs et tel aromate que l'on trouve convenable, et on fait cuire sur de la cendre chaude ou au bain-marie, en tournant toujours. C'est avec cette crème qu'on fait les tartes à la frangipane, les tartelettes, etc.

Pommes au beurre. — Peler et vider avec un vide-pomme de belles pommes de reinette, les parer comme pour une compote, et les cuire aux trois quarts avec du sucre, puis les égoutter. Faire une marmelade avec une quantité égale de pommes; quand elle est cuite, la verser sur un plat, y ajouter une couche de confitures; sur la marmelade, placer les pommes, et emplir de beurre le trou fait à chacune d'elles avec le vide-pomme; glacer au sucre en poudre; mettre les pommes au four pour leur faire prendre couleur, les retirer, et les servir, après avoir bouché les trous avec une cerise confite ou de la confiture.

Pommes meringuées. — Faites sauter, dans 200 grammes de beurre et pareille quantité de sucre en poudre, 300 grammes de pommes de reinette épluchées en quartiers et émincées de l'épaisseur d'une pièce de 5 francs; lorsqu'elles sont cuites, dressez-les en dôme sur un plat; battez en neige quatre blancs d'œuf dans lesquels vous mettez 1 hecto de sucre en poudre; masquez les pommes d'une couche égale de ces blancs d'œufs, saupoudrez de sucre en poudre, et faites prendre couleur sur un feu doux. On peut ajouter de la vanille ou le zeste d'un citron.

Pommes au riz. — Faites cuire dans un sirop de

sucre, après les avoir pelées, vidées et tournées, de belles pommes de reinette. Mettez cuire, également dans du lait, du beau riz en y ajoutant un peu de sel, du sucre et du zeste de citron. Le riz bien crevé et un peu compacte, ôtez le zeste de citron, versez le riz sur un plat ; placez les pommes sur le riz, et mettez le tout au four, pour faire prendre couleur.

Beignets de pommes. — Après avoir pelé et coupé par tranches des pommes de bonne qualité, les faire macérer pendant deux heures dans de l'eau-de-vie, en y ajoutant du sucre et de la cannelle en poudre. Au bout de ce temps, les égoutter, les tremper dans de la pâte et les frire avec une friture qui ne soit pas trop chaude, afin que les pommes aient le temps de cuire sans que la pâte prenne une couleur trop foncée ; lorsque les beignets sont cuits et retirés, les saupoudrer de beau sucre, et servir.

On fait de même les beignets de poires, d'oranges, de pêches, d'abricots, de brugnons, etc. ; seulement on coupe en deux les pêches, les abricots et les brugnons. On peut encore faire des beignets sans pâte ; il suffit pour cela de bien saupoudrer les fruits de farine, les préparations préliminaires des fruits restant les mêmes.

ANANAS

Depuis quelques années, des arrivages réguliers d'ananas expédiés des Antilles permettent à tous de déguster ce fruit précieux, dont se font de si excellentes salades en les coupant par tranches et en les

mélangeant à du sucre en poudre et à de l'eau-de-
vie, du rhum ou du kirch. On peut aussi en faire
de fins beignets. Si, après en avoir imbibé des tranches d'eau-de-vie, on les passe dans une pâte à
frire, qu'on les fasse frire de belle couleur et qu'on
les serve chauds et saupoudrés de sucre.

Beignets de crème. — Faire bouillir un litre de lait
jusqu'à réduction de moitié, laisser refroidir, puis
délayer six jaunes d'œufs, cinq macarons dont un
amer, une cuillerée d'eau de fleur d'oranger prali-
née, en poudre; et, lorsque cette crème est épaisse
comme de la bouillie, y ajouter de l'écorce de citron râpée; puis diviser cette crème par morceaux
de volume égal aux beignets ordinaires, les frire,
et les servir.

Meringues à la crème. — Fouettez des blancs
d'œufs en y incorporant du sucre en poudre à
raison de 500 grammes par douze blancs d'œufs.
Lorsque la pâte est suffisamment travaillée, étendre
des feuilles de papier blanc sur des plaques de fer-
blanc; coucher les meringues sur ce papier, saupoudrer légèrement la surface des meringues avec
du sucre pilé très fin, et les mettre cuire à feu doux.
Quand elles sont cuites, les détacher du papier avec
précaution, enfoncer légèrement le centre avec une
cuillère, et les faire sécher à l'étuve sur des tamis.
Au moment de les servir, remplir, deux par deux,
les meringues avec de la crème.

Cet entremets, peu dispendieux, est facile à faire
à la campagne.

Compote d'oranges. — Détacher des tranches

d'oranges; les piquer en plusieurs endroits; et, lorsqu'elles sont ainsi toutes préparées, les jeter dans de l'eau fraîche; puis les mettre dans un poêlon sur le feu; et, après dix minutes d'ébullition, changer l'eau (en se servant toujours d'eau chaude), et les faire bouillir de nouveau jusqu'à cuisson complète; les plonger alors dans de l'eau fraîche; mettre dans le poêlon du sirop à 20 degrés en quantité suffisante pour que les tranches soient couvertes; égoutter les oranges et les laisser achever de cuire dans le sirop jusqu'à ce qu'il soit à 30 degrés; retirer alors du feu, verser dans une terrine, et, lorsque la compote est froide, la placer dans un compotier en l'arrosant avec le sirop. On dresse au milieu de la compote le zeste que l'on a fait blanchir avec les oranges, en ayant eu le soin de le lier avec un peu de fil.

Marmelade d'abricots. — Faire blanchir les abricots à l'eau bouillante, après en avoir ôté les noyaux, et les égoutter sur un tamis de crin. Faire cuire, à la petite plume, le même poids de sucre que d'abricots, et y placer successivement les fruits entiers ou coupés par quartiers. Après deux ou trois bouillons, les refroidir, afin qu'ils se dégorgent et qu'ils prennent sucre. Faire ensuite revenir le sirop à la même cuisson; y remettre les fruits, les y faire bouillir pendant cinq ou six minutes; après quoi, les mettre dans les pots, en ayant soin de ne les fermer qu'après un entier refroidissement de la marmelade.

Crème d'amandes. — Après avoir émondé et pilé 62 grammes d'amandes douces, auxquelles on ajoute seulement trois amandes amères, délayer le tout avec de la crème bouillante; passer à l'étamine; ajouter des jaunes d'œufs et de la fleur d'oranger et faire prendre au bain-marie. Cette crème se sert aussi entourée d'un cordon d'amandes pralinées.

Crème brûlée. — Délayer dans une casserole quatre ou cinq jaunes d'œufs avec une bonne pincée de farine, et peu à peu y verser environ un demi-litre de lait, ajouter de la cannelle en bâton et de l'écorce de citron confit. Pour faire la crème plus délicate, y mêler des pistaches pilées, ou des amandes, ou des biscuits d'amandes amères, avec une goutte d'eau de fleur d'oranger. Il faut ensuite la placer sur un fourneau allumé et la remuer toujours, prenant garde que la crème ne s'attache au fond. Quand elle est bien cuite, mettre un plat sur un fourneau, avec du sucre en poudre et un peu d'eau pour le faire fondre, et, quand le sucre a pris couleur, verser la crème dedans, et servir sur-le-champ.

Crème au chocolat. — Avoir 1 demi-litre de crème, trois jaunes d'œufs, 60 grammes de chocolat et 150 grammes de sucre. Mêler ensemble la crème et le sucre, les faire bouillir jusqu'à réduction d'un quart; laisser refroidir, puis ajouter les œufs et le chocolat pilé très fin; remuer pour bien mêler le tout, et faire cuire au bain-marie.

Crème au thé. — Faire réduire à moitié un demi-litre de crème; y ajouter une tasse d'infusion du meilleur thé, trois jaunes d'œufs, deux œufs entiers et du sucre à proportion; agiter le tout, passer au travers d'une serviette fine; agiter encore; remplir les moules; faire prendre les œufs; renverser sur un plat; saucer avec une crème sucrée et liée avec un jaune d'œuf.

Blanc-manger au café. — Torréfier 65 grammes de café moka, et, après l'avoir moulu, le verser dans un verre d'eau bouillante; laisser faire l'infusion; et, quand le marc est déposé, tirer à clair. Additionner alors de 192 grammes de sucre et de 16 grammes de colle clarifiée; piler 300 grammes d'amandes, puis délayer avec trois verres d'eau filtrée. Après en avoir exprimé le lait, le séparer en deux parties; dans l'une, verser le café et la colle, dans l'autre, mettre 16 grammes de colle et 192 grammes de sucre fondu dans un verre d'eau tiède, et garnir le moule comme il est d'usage.

MENUS ET PLATS DU JOUR

Oreilles de veau aux tomates. — Choisissez cinq ou six oreilles de veau selon le nombre des convives, plongez-les dans l'eau bouillante, pendant une minute ou deux, puis faites-les tremper un quart d'heure dans l'eau fraîche.

Égouttez-les, puis placez-les dans une casserole avec 125 grammes de beurre frais, cinq ou six petites tranches de jambon, autant que d'oreilles, et une douzaine de petits oignons.

Faites prendre légèrement couleur au jambon, mouillez le tout avec du bon consommé, ajoutez un bouquet garni, une bonne pincée des quatre épices, un piment rouge, salez et poivrez légèrement. Mouillez après une demi-heure de cuisson avec un verre de madère, laissez achever de cuire, quand le jus est réduit à glace, servez avec une belle purée de tomates.

Menu.

Croûte au pot.
Matelote d'anguilles,
Carpes et tanches.
Oreilles de veau aux tomates.
Filet de bœuf à la financière.
Volaille en broche.
Compote d'abricots.
Sorbets au marasquin.

Gras-double à la lyonnaise. — Chacun connaît, ou à peu près, le mode de préparation des tripes à la mode de Caen; il est à mon sens plusieurs autres manières de manger le gras-double qui égalent et dépassent même cette préparation si vantée.

Je me contenterai pour aujourd'hui de donner la recette du gras-double à la lyonnaise.

Épluchez huit beaux oignons que vous couperez en tranches minces dans deux cents grammes de beurre frais fondu dans une poêle; quand ils commencent à blondir vous ajoutez un kilog. de gras-double coupé en filets de cinq à six centimètres de long et d'un demi-centimètre de large, et laissez rissoler le tout à feu doux; quand votre gras-double est d'une belle couleur, vous l'assaisonnez avec sel, poivre, un peu de noix muscade râpée, un soupçon de poivre de Cayenne, une gousse d'ail et deux échalotes hachées en poussière et un petit verre de madère; vous sautez le tout cinq ou six fois ensemble, et au moment de servir vous ajoutez un filet de vinaigre blanc et une poignée de cerfeuil et persil mêlés par moitié et hachés aussi mince que possible.

Menu.

Consommé purée au riz.
Bœuf garni de tomates au beurre.
Gras-double à la lyonnaise.
Vives au gratin.
Riz de veau à la financière.
Volaille en broche garnie de cresson.
Haricots verts.
Petites tourtes aux mirabelles.
Bombe au moka.

Canard à la bourguignonne. — Ayez un beau canard jeune, découpez-le selon les jointures, jetez-le dans du beurre fondu, avec un oignon haché en poussière, faites-le revenir en belle couleur, mouillez avec du consommé; ajoutez deux gousses d'ail hachées, un oignon piqué d'un clou de girofle, une carotte coupée en quatre, un grand verre de madère, laissez réduire. Quand le canard est bien cuit et le jus réduit à glace, ajoutez des olives dont vous aurez enlevé les noyaux et un petit verre de cognac; faites cuire six œufs au beurre noir.

Dressez votre canard avec croûtes de pain frites et œufs, versez la sauce et les olives, et servez.

Menu.

Potage aux ravioles.
Rougets au vin blanc.
Blanquette de poulets.
Escalopes de veau à la financière.
Filet en broche.
Suprême au kirch.
Glace aux fruits.
Moka.

Côtelettes de langouste à la purée de pommes. — C'est une recette de la grande cuisine; mais un jour de fête de famille, tout le monde peut l'aborder.

Ayez une belle langouste que vous faites cuire dans un court-bouillon très épicé.

Retirez-en les chairs que vous hachez comme de la pâte à saucisse.

Parez les petites pattes qui vont servir de manche à vos côtelettes.

Pilez dans un mortier un peu de graisse de rognon de veau, un foie gras; ajoutez deux œufs dont les blancs battus à la neige, des pistaches coupées menu et deux truffes hachées, mélangez avec la chair de la langouste.

Donnez alors la forme dans un moule à côtelette, simulez le manche avec les petites pattes de la langouste.

Passez alors au blanc d'œuf vos côtelettes, panez-les fortement et mettez-les sur le gril.

Ces côtelettes se servent avec une belle purée de pommes de terre très épaisse et façonnée au moule.

Menu.

Potage aux fèves nouvelles.
Côtelettes de langouste purée de pommes.
Petits poulets à l'estragon.
Ris de veau braisés, sauce madère.
Filet piqué en broche.
Tomates au beurre.
Saint-Honoré à la crème de pistache.
Bombe glacée au parfait.
Elixir de brou de noix.

Poulet en dix minutes. — Jetez dans cent cinquante grammes de beurre bien chaud, deux oignons hachés menu, pendant que votre aide les remue avec la spatule, vous prenez un jeune poulet, vous le découpez rapidement selon les jointures, et vous en jetez les morceaux dans la poêle avec les oignons, vous faites sauter rapidement le tout à feu très vif pendant huit minutes, vous ajoutez alors des champignons en tranches, un semé de persil et de cerfeuil mêlés, une truffe hachée menu, une cuillerée de madère, sel et poivre, vous continuez à faire sauter deux minutes, vous liez alors avec six jaunes d'œufs délayés avec cent grammes de crème et servez vivement.

Inutile de faire l'éloge du plat.

Menu.

Consommé à la Julienne.
Bar sauce Mayonnaise.
Poulet en dix minutes.
Filet piqué sauce Tomates.
Rognon de veau en broche.
Petits pois au jambon.
Coupe glacée aux fruits.

Blanquette de veau. — Une blanquette de veau bien réussie a son mérite, c'est un de ces plats que chacun prétend savoir faire... essayez de ma recette.

Prenez deux livres de poitrine de veau bien blanche, découpez-les en carrés, placez le tout dans une casserole de cuivre avec deux cents grammes de bon beurre, un quart de gras de jambon coupé en petits dés, une douzaine d'oignons blancs, un bouquet garni, deux cuillerées de vinaigre blanc et un demi-verre d'eau, sel et poivre, faites cuire le tout à feu très doux, dix minutes avant de servir, ajoutez une livre de champignons blanchis.

Liez votre sauce avec six jaunes d'œufs délayés dans quatre cuillerées de lait.

Versez dans le plat avec un léger semis de persil haché menu et de câpres.

Menu.

Potage bisque.
Anguilles à la sauce verte.
Veau en blanquette.
Jambon aux épinards.
Petits poulets rôtis.
Tomates au beurre.
Tartelettes d'abricots.

Filet de bœuf à la Lyonnaise. — Pour un régal, c'en est un de haut goût, demandez aux gourmets qui en ont goûté.

Prenez un filet, piquez-le au jambon gras et maigre, puis entourez-le d'un centimètre d'une farce ainsi composée : moelle de bœuf et beurre frais par parties égales, un peu de lard râpé, truffes hachées très menues, mie de pain trempée dans du madère, sel, poivre, un peu d'épices, entourez le tout de larges bardes de lard, ficelez, roulez dans un papier beurré et mettez en broche.

Faites passer une livre ou deux de morilles dans le jus de cuisson, dégraissez. Débrochez le gigot quand il a belle couleur et servez.

Menu.

Consommé purée de tomates au riz.
Turbot à la Bretonne.
Filet de bœuf à la Lyonnaise.
Pigeons aux petits pois.
Agneau rôti.
Petites fèves nouvelles à la crème.
Macédoine de fruits.
Sorbets au marasquin.

Côtes de mouton aux tomates. — Ayez six belles côtelettes de mouton bien parées.

Faites-les revenir à feu vif dans une casserole de cuivre, avec quatre cuillerées de bonne huile d'olive.

Quand elles sont à point ajoutez un morceau de beurre frais, un oignon et deux gousses d'ail hachés menu.

Et mettez dans la casserole, entre chaque côtelette, une belle tomate tout entière, six pour le plat, chaque tomate doit reposer dans le jus, salez et poivrez fortement.

Laissez cuire à feu doux pendant une demi-heure, et servez.

Menu.

Potage bisque aux crevettes.
Perche de rivière au beurre.
Côtes de mouton aux tomates.
Volaille en broche.
Petits pois au jambon.
Laitues à la crème.
Charlotte de pêches.
Bombe au parfait.

Poitrine de veau farcie. — Ayez une belle poitrine de veau, soulevez la surface intérieure, et garnissez l'intérieur avec une farce ainsi composée : chair à saucisse, champignons, mie de pain trempée dans du lait, persil et ciboulettes hachés, avec une branche d'estragon, ajoutez en mélangeant le tout, deux œufs, jaune à part et blancs battus en neige, ficelez la poitrine ainsi parée, mettez en broche et arrosez avec jus de citron, servez quand elle aura pris belle couleur, servez en même temps un plat d'épinards au beurre.

Menu.

Purée Saint-Germain aux pois nouveaux.
Petites truites, au beurre.
Œufs brouillés aux truffes.
Poitrine de veau farcie.
Filet en broche piqué au jambon.
Salade de légumes printaniers.
Asperge d'Argenteuil au beurre.
Bombe glacée aux pistaches.

Poulets à la bourguignonne. — Prenez deux jeunes poulets très tendres, découpez-les selon les jointures, placez-les dans une casserole de cuivre ou de terre, avec un verre de vin blanc, un quart de petit lard de poitrine coupé en dés, deux gousses d'ail hachées très menu, un bouquet garni, une cuillerée de vinaigre blanc, six échalotes entières, un quart de beurre frais, couvrez et laissez cuire une demi-heure, à feu modéré, avec sel et poivre.

En même temps faites cuire à part deux douzaines d'oignons blancs de moyenne grosseur, avec beurre, sel, poivre et un morceau de sucre.

Ayez un bol de crème dans lequel vous aurez délayé six jaunes d'œufs, versez le bol de crème dans le poulet et retirez du feu, mettez les oignons, ajoutez un semis d'estragon haché et servez.

Menu.

Potage aux quenelles de truites.
Anguilles grillées à la sauce verte.
Poulets à la bourguignonne.
Riz de veau aux tomates.
Selle d'agneau rôtie.
Fèves à la sariette.
Tartelettes aux groseilles.
Sorbets au marasquin.

Lapin à la bourgeoise. — C'est un régal pour ceux qui aiment le lapin, tous les goûts sont dans la nature.

J'avoue naïvement que cela ne me déplaît pas d'en manger une fois par hasard.

Voici ma recette :

Faites mariner votre lapin proprement découpé, avec sel, poivre, laurier, bouquet garni, un piment rouge, et un verre de madère, laissez-le ainsi 24 heures.

Le lendemain, vous faites revenir dans du beurre une demi-livre de petit lard et deux oignons hachés menus ; vous poussez fortement au roux, vous ajoutez une demi-cuillerée de farine, et vous mouillez avec du consommé, vous ajoutez alors votre lapin que vous laissez cuire à l'étouffée pendant deux bonnes heures.

Avant de servir, vous pochez dans de la friture des boules de pâte à pets de nonne, ou vous faites d'épais beignets de pâte seule, poivrés et salés.

Vous en garnissez un plat, vous les arrosez avec

le jus de cuisson du lapin, et vous dressez l'animal sur ce lit moelleux pour servir.

Menu.

Consommé purée de navets aux croûtons.
Homard à l'américaine.
Œufs brouillés aux pointes.
Lapin bourgeoise.
Selle d'agneau en broche.
Charlotte de fruits.

Que diriez-vous, comme plat du jour, d'un bon *gigot à la bordelaise?* Qui ne dit mot, consent... Voilà.

Prenez un bon gigot de pré-salé et piquez-le de la façon suivante :

Un rang de gousses d'ail divisées en quatre ;
Un rang de lardons de jambon gras et maigre ;
Un rang de filet d'anchois ;
Un rang de tranches d'olives.

Mettez dans un plat douze cuillerées d'huile d'olive, assaisonnées avec poivre, sel, deux têtes de clous de girofle écrasées, un peu de noix muscade, deux piments et tout le jus d'un citron.

Mettez votre gigot dans cette marinade pendant vingt-quatre heures en le retournant souvent. Faites alors braiser votre gigot dans une cocotte en fonte pendant cinq heures ; vous ajoutez alors le jus de la marinade, et deux livres de beaux cèpes convenablement blanchis et cuits auparavant à l'eau de sel.

Vous laissez mijoter une demi-heure et vous servez.

Le cuisinier populaire vient d'inventer ce plat en l'honneur de ses lectrices de Bordeaux.

Vous compléterez votre menu avec un potage, consommé au riz, à la purée de tomates.

Tanches de rivière au beurre de cerfeuil. Une volaille en broche, de fins petits pois à la crème, des asperges à l'huile et des tartelettes aux fraises.

Menu.

Consommé au riz, purée de tomates.
Tanches au beurre.
Gigot à la bordelaise.
Volaille en broche.
Petits pois à la crème.
Asperges à l'huile.
Tartelettes de fraises.

Escalopes de veau suprême à la purée de pomme. — Piquez des escalopes de veau avec de petits lardons de jambon, ni gras ni maigre. Faites-les sauter rapidement sur un feu vif; quand ils sont d'une belle couleur, mouillez avec un peu de consommé et du vin blanc, laissez cuire à petit feu doux pendant une heure en ajoutant des olives débarrassées du noyau, des petits oignons blancs et des champignons.

Faites alors une purée de pommes de terre très épaisse, beurrez au moule, remplissez-le de votre purée, faites prendre couleur au four, démoulez sur un plat, enlevez au couteau la tête du gâteau de purée, creusez délicatement le gâteau à la cuiller, versez dans le vide obtenu vos escalopes et la sauce. Replacez la tête du gâteau qui servira de couvercle, et servez.

Menu.

Potage purée de fève.

Volaille au gros sel.

Homard à l'américaine.

Escalope de veau suprême à la purée de pomme.

Rognon de veau en broche.

Petits pois à la française.

Asperges à l'huile.

Compote d'abricots.

La poule au riz. — Ce plat si vulgaire et que tout le monde croit savoir faire, est, en réalité, un des plats les plus difficiles de la cuisine quand on veut en faire un met digne de l'art. Voici ma recette : elle est des plus simples, mais comme toutes les choses simples, la meilleure entre toutes. Ayez une belle volaille très tendre et très engraissée, remplissez-la de chair à saucisse ; après l'avoir convenablement parée, entourez-la d'une feuille de papier beurré et mettez-la en broche.

Pendant qu'elle cuit, faites crever une livre de riz dans deux litres et demi de lait, avec un quart de livre de beurre très frais, sel, poivre de Cayenne, bouquet garni ; le riz doit être mis sur un feu très doux ; il est suffisamment cuit quand le lait et le beurre sont absorbés.

Débrochez la volaille, enlevez le papier beurré, mouillez le riz avec le jus de volaille et servez.

Avec cet excellent plat, notre menu est facile à établir.

Menu.

Potage purée de pommes au cresson.
Truite au beurre.
Poule au riz.
Côte de bœuf à l'anglaise.
Œufs brouillés avec pointes.
Épinard au beurre.
Petites tartes à la frangipane.
Fraises au jus d'orange.

De simples *côtelettes au beurre d'estragon*, et à la purée de pomme... mais, mes amis, quel poème!

Ayez un poêlon profond de façon qu'une belle côtelette de mouton bien parée puisse s'y tenir toute droite et à l'aise.

Remplissez votre poêlon avec de la belle graisse de friture, attachez 5 ou 6 côtelettes (plus selon le nombre des convives), avec un peu de ficelle, par le manche, de façon qu'il y ait entre chacunes d'elles un espace d'un centimètre, plongez vos côtelettes dans la friture bien chaude.

Dix minutes suffisent pour les dorer, laissez-les égoutter, enlevez la ficelle, salez et poivrez légèrement, panez vos côtelettes avec de la chapelure blanche, couvrez chaque côtelette d'une couche de beurre manié avec de l'estragon haché, mettez-les au four sur un plat pendant une minute seulement et servez avec une belle purée de pommes de terre.

Nota. — Ceux qui tiennent au renom de gourmet

peuvent remplacer la purée de pomme par des pointes d'asperges liées avec un peu de crème et des jaunes d'œufs.

Menu.

Potage, consommé croûte au pot.
Dorade sauce aux câpres.
Côtelettes de mouton au beurre d'estragon.
Rognon de veau en broche.
Petits pois.
Omelette aux fraises.

Oh ! la chimie culinaire... la première du monde.

Voici un plat vraiment populaire, c'est-à-dire facile à faire et à bon marché... et succulent; mais à quoi sert de le vanter, vous m'en direz des nouvelles quand vous l'aurez goûté.

Poitrine de veau farcie, à la purée de pomme. — Farcissez une poitrine de veau avec chair à saucisse, une tranche de jambon que vous glissez tout entière au milieu de la farce, un peu de mie de pain trempée dans du lait, persil et échalotes hachées, sel, poivre, un soupçon de poivre de Cayenne; cousez la poitrine pour que la farce ne s'en échappe pas, et faites bouillir à feu doux pendant quatre heures, dans une casserole de terre, ou mieux une cocotte de fonte.

Servez sur une purée de pomme de terre. On peut ajouter à la farce, quand on ne regarde pas à la dépense, un rognon de veau aminci et une livre de champignons hachés.

Voici un potage que je recommande aux gourmets. Je commence par eux aujourd'hui ; soyez sans crainte, je n'oublierai pas mon *plat du jour*, mon plat populaire.

Potage-purée d'oignons au macaroni. — Hachez aussi menu que vous le pourrez douze oignons rouges, faites-leur prendre couleur dans 125 grammes de beurre ; quand ils seront d'un beau roux, ajoutez deux litres de consommés et 150 grammes de mie de pain, faites cuire à feu très doux sur un coin du fourneau pendant une heure, mouillez avec du consommé jusqu'à consistance de purée, ajoutez au moment de servir un blanc de volaille pilé, une petite truffe amincie, une poignée de queues d'écrevisses, 50 grammes de petit macaroni cuit à part et coupé de la grandeur d'un centimètre et un soupçon de poivre de Cayenne.

Pour un pareil potage on vendrait son droit d'aînesse. On peut le faire plus simple et à la portée de toutes les bourses ; il suffit de supprimer le blanc de volaille, les queues d'écrevisses et la truffe, et il reste excellent.

Puisque nous sommes en train de faire une gourmandise, que diriez-vous comme entrée de poisson d'une belle sole ?

Sole à la provençale. — Faites prendre couleur à votre sole avec un peu de bonne huile d'olive, faites réduire une sauce tomate avec un litre de moules débarrassées de leur coquille, ajoutez un soupçon d'ail et de poivre de Cayenne, versez sur votre sole et faites glacer pendant cinq minutes au four. Vrai, ça vaut le potage.

J'arrive maintenant à mon plat du jour.

Et ce sera, si vous le voulez bien, le fameux bœuf à la mode si aimé des Parisiens.

Bœuf à la mode. — Écoutez bien, cette recette n'a pas sa pareille au monde :

Prenez un morceau de gîte à la noix ou de tranche, lardez-le avec soin, faites-lui prendre une belle couleur dans du beurre, ajoutez alors des couennes de lard, un pied de veau, un bouquet garni, persil, feuille de laurier et thym, deux gousses d'ail, quatre oignons piqués de deux clous de girofle, une carotte, sel et un peu de poivre de Cayenne, un soupçon de muscade râpée, et trois grains de genièvre, mouillez avec un verre d'eau, un demi-verre de bon vin rouge, un petit verre de cognac, et faites cuire bien à l'étouffée pendant sept heures sur des cendres chaudes.

Une longe de veau dorée en broche, une salade de jeune laitue, des épinards nouveaux et des meringues à la crème, et avec cela il y a encore de beaux jours pour une honnête gourmandise; et notre menu n'est point indigne de ses devanciers :

Potage-purée d'oignons au macaroni

Sole à la provençale.

Bœuf à la mode.

Longe de veau en broche.

Salade.

Épinards au jus.

Meringues à la crème.

Épaule de mouton printanière. — Voici un bon plat de famille.

Faites parer par votre boucher une belle épaule de mouton, en-tête de champignon ; lardez-la délicatement avec des tranches de jambon, gras et maigre par moitié. Faites-la braiser pendant quatre heures à feu doux dans une cocotte de fonte ou de cuivre. Sel, poivre, bouquet garni, un oignon piqué d'un clou de girofle.

Une heure avant de servir, faites cuire à part, dans des petits sacs de toile, un quart de litre de petits pois, un quart de litre de têtes de petits oignons blancs, les plus petits possibles, un quart de litre de pointes d'asperges, coupées menu, un quart de litre de carottes nouvelles tournées au moule de la grosseur des petits pois, un quart de litre de navets également tournés au moule. Vous mettez un peu de sucre dans l'eau de cuisson.

Au moment de servir, vous placez l'épaule dans un large plat rond, vous retirez vos légumes les uns après les autres de leur sac, et vous faites autour de l'épaule des cercles minces, verts, blancs, rouges, en commençant par les petits oignons, qui, par leur grosseur, font une belle couronne à l'épaule.

Vous versez alors le jus de cuisson sur le tout, et vous servez.

Ajoutez à cela un potage purée de homard au riz, des vives au gratin, une paire de canetons rôtis, des asperges d'Argenteuil en branches et des œufs à la neige crème pistache, et si vous dînez mal, ce sera la faute de votre cuisinière.

Dans les petits ménages, on pourra, pour le plat du jour, remplacer la diversité des légumes par un litre de petits pois ou deux litres de pommes de terre nouvelles. Dans ce cas, on les mettra à cuire dans le jus de cuisson de l'épaule, une demi-heure avant de servir, sur feu très doux, légumes dessous, épaule dessus.

Menu.

Potage.
Purée de homard au riz.
Vives au gratin.
Épaule printanière.
Canetons rôtis.
Asperges en branches.
Œufs à la neige crème pistache.

Le meilleur potage que l'on puisse servir est un potage de saison :

Consommé aux pois nouveaux. — Faites cuire dans du bon consommé un demi-litre de pois nouveaux, une douzaine de petits oignons blancs, et une laitue; ajoutez une petite cerfeuillade et servez avec un quart seulement des pois verts.

Réservez le restant des pois pour votre plat de légumes.

Vous continuerez par des filets d'alose à l'oseille, et ce sera le moment de servir notre plat populaire.

Longe de veau aux macaronis. — Faites braiser une belle longe de veau et servez-la sur des macaronis à l'italienne; faites cuire vos macaronis dans du consommé, avec oignons blancs, une gousse d'ail, bouquet garni; quand le macaroni est cuit, vous ajoutez un quart de beurre frais, un flacon de jus de tomates, et du fromage parmesan et gruyère râpé.

Un gigot d'agneau en broche vous fera un excellent rôti, et vos petits pois, auxquels vous ajouterez un bon morceau de beurre frais, quelques cuillerées de votre jus de rôti et un petit morceau de sucre composeront un légume présentable, et comme entremets, je vous conseille un biscuit à la gelée d'orange.

Menu.

Consommé aux pois nouveaux.
Filets d'alose à l'oseille.
Longe de veau aux macaronis.
Gigot d'agneau en broche.
Petits pois au jus.
Biscuit à la gelée d'orange.

Morue à la Bordelaise. — Votre morue une fois blanchie à l'eau bouillante, faites-lui prendre couleur au feu avec de la bonne huile d'olive, ajoutez une gousse d'ail écrasée, un peu de persil haché, et servez sur une sauce tomate. Un petit flacon de tomates en conserves, de 30 centimes, suffit pour deux livres de morue. Les gourmets y ajoutent une garniture de cèpes, mais on n'y est pas forcé.

Soupe de haricots blancs au jambon. — Ayez deux

livres de poitrine de mouton, une livre de jambon dessalé, placez le tout dans une marmite avec quatre litres d'eau et un litre de haricots blancs. Ajoutez un bouquet de persil garni de thym et de laurier, deux oignons, une feuille de laurier, poivre et peu de sel à cause du jambon.

Quand le tout est cuit, retirez le jambon sur un plat, passez votre carré de mouton sur le gril, et servez le tout sur vos haricots blancs que vous aurez préparés de la manière suivante :

Faites revenir un oignon dans un peu de beurre frais, mouillez avec un verre de bouillon, ajoutez votre jambon découpé en petits dés à vos haricots, et laissez mijoter pendant un quart d'heure; ajoutez au moment de servir une poignée de cerfeuil et de persil mélangés et hachés en poussière.

Ce plat bien préparé,—cher lecteur, ne faites pas la petite bouche,—vaut toutes les préparations aux truffes et autres plats qui, pour être plus savants, n'en sont pas plus hygiéniques pour cela.

Il a, de plus, le mérite d'être à la portée de toutes les bourses.

Votre potage se trouve tout composé avec votre bouillon de haricots, que vous trempez sur des tranches de pain grillé.

Il ne s'en trouvera que mieux si on le verdit un peu avec quelques pincées de cerfeuil hachées.

Et, comme il en faut pour tous les goûts, avec un rôti et un entremets, nous aurons un menu qui pourra se présenter partout.

Comme nous avons déjà des viandes fortes, un

jeune poulet mis en broche et présenté sur un lit de cresson, fera bonne figure.

Comme entremets, que diriez-vous d'une pyramide de beignets d'oranges? Si c'est votre avis, ma tâche est terminée, et voici le menu savoureux et nourrissant que vous pouvez présenter à vos convives :

Potage au pain.
Morue à la Bordelaise.
Poitrine de mouton en ravigotte.
Soissons au jambon.
Poulet rôti, cresson.
Beignets d'oranges.
Salade de la saison.
Fromage.

Avec cela et un peu de chance on vit son siècle.

Un vrai régal à la portée de toutes les bourses, c'est la *soupe de marrons au porc salé*.

Passez à la poêle pour pouvoir en retirer la peau et les pellicules, trois litres de marrons.

Placez-les ensuite dans une marmite avec quatre litres d'eau, un kilogramme de porc salé, soit un morceau de tête, les deux oreilles par exemple, ou un carré de côtelettes. Ajoutez sel, poivre, une feuille de laurier, un bouquet de persil, un oignon piqué d'un clou de girofle, et faites cuire à feu très doux.

La cuisson opérée, retirez le porc sur un plat.

Versez le bouillon sur de petits croûtons ou des tranches de pain grillées.

Faites une purée avec un bon morceau de beurre frais et vos marrons, et sur ce lit moelleux couchez votre petit salé, que vous servez comme entrée après le potage.

Une bonne salade de saison, et un peu de fromage, et je garantis à votre ménagère, que le mari et les enfants seront contents d'elle.

Si d'aventure elle reçoit quelques amis, s'il y a fête dans la famille, ou si elle a les moyens de confectionner tous les dimanches un menu plus complet pour donner tout à fait bon air à sa table et au service, elle ajoutera un rôti, un légume et un entremets sucré, une belle côte de bœuf par exemple, cuite en broche ou braisée, avec des salsifis sautés dans le jus du rôti, et des gaufres au chocolat, et alors on possède un menu qui peut faire honneur à toutes les tables.

Voyez plutôt :

Potage.
Purée aux croûtons.
Petit salé à la purée de marrons.
Côte de bœuf braisée.
Salsifis au jus.
Gaufres au chocolat.

La gaufre au chocolat est facile à faire et quel mets divin! Jugez-en?

Quand vous avez fait vos gaufres selon la méthode ordinaire, remplissez avec une cuillère à café tous les petits carrés creux de la gaufre avec un peu de crème au chocolat vanillé... c'est à en devenir gourmand.

Soupe de choux à l'oie. — Parez un quart d'oie (plus selon le nombre des convives), mettez-le dans une marmite avec un kilog. de choux, remplissez d'eau, faites bouillir, écumez, salez et poivrez.

Ajoutez alors : une pincée d'épices, une feuille de laurier, un oignon, trois carottes, deux navets, six ou huit belles pommes de terre, et un bouquet de persil avec une branche de thym.

Laissez cuire à feu doux pendant deux heures. Retirez vos légumes.

Avec cinq ou six pommes de terre, faites une purée sur laquelle vous servirez votre oie.

Coupez les trois autres pommes de terre en petits dés, avec les navets, les carottes, et la moitié des choux que vous avez laissés bien égoutter, laissez refroidir, et mettez en salade.

Il ne vous manque plus que le dessert.

Vous l'avez avec un œuf, trois cuillerées de farine de maïs, 15 centimes de lait, une cuillerée à café de cognac ; vous délayez le tout, et vous faites des crêpes, que vous saupoudrez d'un peu de sucre pilé. Inutile de dire qu'avec le bouillon de l'oie et la moitié des choux, on a trempé une succulente soupe au pain, et vous voilà avec un menu qui réveillerait bien des appétits, voyez plutôt.

Potage au choux.

Oie à la purée de pomme.

Salade de légumes.

Crêpe de maïs.

Fromage.

Épaule de mouton à la purée de lentilles. —

Faites braiser pendant six heures, dans une *cocotte* en fonte, une belle épaule de mouton. Vos lentilles cuites à l'eau, vous les réduisez en purée, et vous y ajoutez un morceau de beurre frais, et la moitié du jus de cuisson de l'épaule.

Pour avoir un excellent potage, vous passez un oignon au beurre, vous le mouillez avec votre bouillon de lentilles, puis, au moment de servir, vous ajoutez une cuillerée de purée, une chiffonnade d'oseille et des petits croûtons. Et votre menu, ainsi composé, en vaudra bien un autre :

Potage.
Chiffonnade d'oseille.
Riz à la créole.
Épaule de mouton braisée.
Purée de lentilles.
Salade de saison.
Fromage.

Mon Dieu, avec cela, si l'on n'est pas chez Lucullus..., on peut encore dîner. Que j'ai vu de grands menus prétentieux qui, au point de vue de l'hygiène culinaire, ne valaient pas celui-là !

MENUS
POUR CHAQUE JOUR DE LA SEMAINE

Nous ne donnons que la recette des plats nouveaux ou difficiles ou subissant quelque modification.

VENDREDI

Maigre.

Consommé aux poissons de rivière.
Rougets maître d'hôtel.
Œufs brouillés aux pointes d'asperges.
Salmis de sarcelles.
Cèpes à la Bordelaise.
Crème au thé vanillé.

Gras.

Consommé crème.
Tanches à la marinière.
Filet de mouton aux haricots.
Perdreaux en broche.
Épinards au jus.
Pommes au sucre.

Maigre.

Consommé aux poissons de rivière. — Faites un bouillon avec poireaux, oignons, céleri, que vous aurez au préalable fait revenir dans du beurre, ajoutez une petite carpe, une petite tanche, coupées par morceaux, deux ou trois douzaines de grenouilles, un clou de girofle piqué dans un oignon blanc, un soupçon de muscade, et trois ou quatre feuilles de menthe; après, cuisson convenable, passez et servez sur des tranches de pain grillées.

Si l'on veut une purée, on pile les poissons au mortier et l'on passe au tamis, on y ajoute une cuillerée ou deux de pois verts, et l'on sert sur de petits croûtons frits.

Gras.

Consommé crème. — Liez un bon consommé avec des jaunes d'œufs, ajoutez-y les blancs pilés d'une volaille et un quart de crevettes rouges bien dépouillées avec un soupçon de piment.

SAMEDI

Potage au macaroni.
Poitrine d'agneau en blanquette.
Civet de lièvre.
Côte de bœuf en broche.
Chicorée au jus.
Méringues au chocolat.

Potage macaroni. — Faites cuire vos macaronis à l'eau de sel, égouttez-les, versez dessus du bon consommé, légèrement coloré au jus de tomates, et servez avec une assiette du parmesan ou du gruyère râpé et une légère chiffonnade de cerfeuil.

DIMANCHE

Potage à la purée de fèves.
Carpe farcie.
Aloyau braisé aux nouilles.
Râles de genêts en broche.
Champignons au gratin.
Petites tartelettes aux poires.
Glaces au parfait.

Potage purée de fèves. — Faites une purée de fèves et délayez jusqu'à consistance de potage, avec moitié lait bouillant et moitié consommé.

Carpe farcie. — Faites une farce avec foie gras, laitance de carpe, gras de jambon, mie de pain cuite dans du lait et une petite boulette de beurre maniée de fines herbes assorties et soupçon d'épices; emplissez-en l'intérieur de la carpe, et faites prendre couleur au four en ayant soin d'arroser constamment votre carpe avec un demi-verre de consommé coupé d'un demi-verre de madère.

Petites tartelettes aux poires. — Faites une pâte feuilletée, découpez des ronds de la grandeur de l'ouverture d'un verre à boire, garnissez-les de rondelles de poires cuites dans un sirop de sucre parfumé avec une cuillerée d'anisette ou de chartreuse, couvrez chaque petite tartelette de bardes de pâtes, ajoutez une bordure, faites cuire rapidement au four et servez brûlant.

LUNDI

Soupe au chou frisé.
Gigot à la purée de pommes.
Filets de soles en beignets.
Bécasse en broche.
Écrevisses en buisson.
Charlotte de pommes.

Soupe au chou frisé. — Cette soupe est des plus simples, coupez en huit le cœur d'un chou frisé, blanchissez-le et faites-le cuire rapidement dans du bon bouillon, avec une gousse d'ail, un oignon piqué d'un clou de girofle, quatre ou cinq pommes de terre de Hollande sel et poivre.

Ayez ensuite des tranches de pain grillées, réduisez votre chou et vos pommes de terre en purée, établissez dans une soupière un lit de pain, un lit de purée, un lit de fromage râpé, et ainsi de suite en alternant toujours, faites gratiner au four et servez.

C'est une soupe retour de chasse, dont les disciples de Nemrod ne laissent en général que le contenant.

Gigot purée de pommes. — Le gigot se fait cuire pendant sept heures comme un bœuf à la mode et se sert sur une purée de pommes de terre ou de marrons. Les petits ménages peuvent faire le même plat avec une épaule de mouton.

Faites revenir l'épaule avec un peu de beurre;

quand elle est à point, mouillez-la avec un peu d'eau, ajoutez six oignons, trois gousses d'ail, quatre carottes, la moitié d'un panais, sel, poivre et une demi-feuille de laurier ; laissez cuire sur feu doux, glacez l'épaule avec son jus très réduit et servez sur des pommes de terre en purée, la purée de navet est aussi très prisée avec ce plat.

MARDI

Potage au vermicelle.
Côtes de veau à la Provençale.
Buisson de goujons et de persil frit.
Lapin rôti.
Salsifis à la crème.
Omelette au rhum.

Côtes de veau à la Provençale. — Faites revenir vos côtes de veau dans de l'excellente huile ; quand elles sont d'une belle couleur, mouillez avec un peu de consommé jusqu'à hauteur des côtes sans qu'elles soient recouvertes par le liquide, ayez une pâte ainsi composée : un œuf avec son blanc battu, une gousse d'ail, deux oignons émincés, un tranche de jambon hachée, fines herbes assorties, mie de pain cuite dans un peu d'huile et de consommé, garnissez vos côtelettes d'un lit de cette farce, et faites-les cuire à feu très doux jusqu'à réduction du jus en glace.

MERCREDI

Potage à l'oseille.
Cabillaud au beurre fondu.

Jambon aux épinards.
Poulet en broche.
Céleri au jus.

JEUDI

Consommé à la purée de pois verts.
Filets de maquereaux aux moules.
Abatis de dinde au navet.
Riz de veau piqué en broche.
Œufs brouillés aux choux-fleurs.

Œufs brouillés au choux-fleurs. — Faites passer vos choux-fleurs une fois cuits à l'eau de sel, dans un bon morceau de beurre frais sans lui faire prendre couleur, quand les choux-fleurs ont tout absorbé le beurre, saupoudrez-les d'une légère persillade, ajoutez quelques cuillerées de crème de lait et servez-vous en pour préparer vos œufs brouillés.

VENDREDI.

Maigre.

Fondue d'oignons blancs.
Carpe au vin rouge.
Sandwich de kaviar.
Pommes de terre
à la Bourguignonne.
Saumon braisé.
Timbales de nouilles au parmesan.
Compote de coing.

Gras.

Potage des gourmets.
Petits pâtés aux huîtres.
Civet de lièvre.
Filet piqué en broche.
Croustade à la purée de marrons.
Crêpes merveilleuses.

Crêpes merveilleuses. — Faites une pâte à crêpes ordinaire, ajoutez-y six amandes pilées et une cuillerée d'absinthe.

Le soir, je vous l'assure, il y aura joie dans la maison.

Carpe au vin rouge. — Parez votre carpe, faites-la prendre couleur au four, ajoutez une sauce que vous aurez fait cuire pendant une heure et ainsi préparée : un verre de bon vin rouge, un demi-verre d'eau, un petit verre de cognac, un oignon piqué d'un clou de girofle, une pincée d'épices et bouquet garni, un quart de beurre frais. Faites réduire de moitié et arrosez votre carpe quand elle aura pris couleur.

Potage des gourmets. — Faites revenir des oignons, mouillez avec du consommé, passez après un quart d'heure de cuisson, remettez le consommé sur le feu, ajoutez une cuillerée de purée de tomates, deux ou trois cuillerées de purée de pommes de terre, une demi-livre de fromage râpé, et versez sur de petits croûtons.

On nous a demandé une bonne recette de *civet de lièvre*, la voici.

La plus simple est la meilleure.

Découpez en petits dés une demi-livre de lard de poitrine, faites-les revenir dans du bon beurre, ajoutez deux cuillerées de farine, poussez jusqu'au roux, ajoutez alors une bouteille de bon vin, un peu moins si le lièvre est petit, un verre à bordeaux de cognac, un demi-litre de bon bouillon, sel, poivre, une pincée de poivre de Cayenne, une gousse d'ail, une feuille de laurier, un bouquet de persil et de thym, portez à l'ébullition et ajoutez votre lièvre découpé en morceaux selon les jointures, moins le foie que vous réserverez. Faites cuire pendant deux heures et demie à un feu très doux, jusqu'à ce que la sauce soit réduite des trois quarts; pilez alors au mortier le foie avec un bon morceau de beurre frais, délayez-le dans votre sauce, laissez faire un simple tour de bouillon et servez.

SAMEDI.

Consommé à la purée de lentilles.
Petit salé aux choux rouges.
Salmis de canard.
Gigot d'agneau en broche.
Côtes de bettes au gratin.
Petits choux glacés à la crème.

DIMANCHE.

Potage croûte au pot.
Bar au beurre blanc.
Tourte aux andouillettes.
Salmis de bécasses.
Veau en broche.
Épinard au jus.
Bombe aux pistaches.
Langues de chat.

LUNDI.

Potage à la julienne.
Filets de sole aux crevettes.
Blanquette de poulets.
Perdreaux en broche.
Cèpes farcis.
Omelette à la confiture de fraises.

MARDI.

Consommé aux granules de maïs.
Foie gras sauce madère.
Salmis de grives.
Côte de bœuf en broche.
Cardons au gratin.
Beignets de madeleines.

Beignets de madeleines. — Découpez des madeleines en tranches minces, jetez sur chaque morceau quelques gouttes d'absinthe, et passez-les dans une pâte à frire.

MERCREDI.

Potage à la purée de haricots
garnie d'oseille.
Truite au beurre d'estragon.
Langue de bœuf braisée.
Volaille en broche.
Céleri au jus.
Pommes au riz.

JEUDI.

Consommé aux œufs pochés
garni de quenelles.
Boudin à la purée de pommes
de reinette.
Fricandeau à l'oséille.
Gigot de chevreuil en broche.
Macaroni à l'italienne.
Croquettes de maïs au chocolat.

VENDREDI.

Maigre.

Purée d'oignons blancs au lait.
Perches frites.
Tourte de boudin blanc.
Escalopes de thon à la maître d'hôtel.
Salades de légumes.
Pommes au riz.

Gras.

Consommé à la queue de bœuf.
Riz garni à la créole.
Carpe farcie.
Râble de lièvre en broche.
Soufflé de pommes de terre.
Sandwich de gelée de groseille.

Riz à la créole. — Faites crever votre riz dans du lait, et servez-le entouré de petites saucisses, de tranches de jambon et d'œufs frits.

SAMEDI.

Consommé à la purée de marrons.
Blanquette de morue.
Ris de veau à la Périgueux.
Volaille en broche.
Cardons à la moelle.
Petits choux à la crème.

Ris de veau à la Périgueux. — Mettez votre ris de veau piqué au jambon, à la broche, et servez-le sur un lit de quenelles, de champignons, de truffes et de queues d'écrevisses.

DIMANCHE.

Croûte au pot.
Riz-Pilau.
Truite au beurre.
Chapon de Bresse en broche.
Céleri au jus.
Crème au lait d'amande.
Glace au parfait

Riz-Pilau. — Cette recette nous a été commu-
niquée par le cuisinier de l'ancien rajah d'Aoude,
dans l'Inde, nous la recommandons aux gourmets ;
qu'ils la préparent avec soin et ils n'auront point
perdu leur temps. Le pilau se confectionne avec
toute viande, mais principalement avec le mouton,
le gibier, la volaille.

Prenons par exemple le dindon, c'est un pilau au
jus de cet animal qui nous fut servi ce soir-là.

Il y a deux manières de préparer ce pilau ; voici
la recette riche, comme on dirait dans nos restau-
rants :

Prenez deux dindons, l'un vieux, l'autre dans
cet âge tendre où il ne mérite encore que le nom
de dindonneau ; réservez ce dernier pour la broche
et désossez le vieux que vous coupez en aussi petits
morceaux que possible, comme des dés à jouer par
exemple. Placez cette chair de dinde dans une casserole en cuivre ou en terre avec une livre de bon
beurre fin, et faites *revenir* lentement à feu doux et
égal ; lorsque toutes les parcelles de dinde auront
pris peu à peu une belle teinte rousse, ajoutez-y une

poignée d'échalotes hachées menues, laisser blondir les échalotes et incorporez alors *vingt-cinq grammes de poudre des quatre épices*, mélangées par parties égales et pétries avec du beurre frais ; mouillez d'un demi-verre d'eau et laisser mijoter dans un coin du feu à petits bouillons.

Concurremment avec cette opération, vous avez fait bouillir pendant une heure les os du dinde dans quatre litres d'eau. . vous ajoutez alors ce bouillon à la première préparation avec une forte pincée de ce poivre rouge, connu sous le nom de poivre de Cayenne, et vous entretenez une légère ébullition pendant deux heures ; inutile de dire qu'il faut saler comme tout autre plat.

Après ce laps de temps, pendant lequel vous avez entretenu la même quantité de bouillon, vous passerez au tamis la chair du dindon que vous réservez au chaud en l'arrosant d'un peu de jus de citron, et dans vos quatre litres de jus vous faites cuire à la manière orientale deux livres de riz qui doivent être retirées du feu dès que le riz a absorbé tout le liquide ; l'ébullition doit être dirigée de telle sorte qu'elle doit s'accomplir en un quart d'heure.

Le riz est alors cuit à point ; ce qu'il faut surtout, c'est qu'il s'imprègne du consommé en restant en grains détachés... jugez, dans la confection de ce plat, le moment où le riz ira tomber en bouillie.

Vous dresserez alors votre riz sur le milieu d'un vaste plat ; la chair du dindon, coupée menue, doit être distribuée en couronne autour du riz, et sur le sommet de la pyramide de riz vous couchez moelleusement le dindonneau débroché à temps, et sur le tout vous versez pieusement tout le jus de la lè-chefrite.

Dans les mélanges modestes, ce riz-pilau peut être préparé avec un gigot de mouton, la moitié émincie, l'autre moitié rôtie.

LUNDI.

Purée de lentilles à l'oseille.
Raie au beurre noir.
Escalopes de veau à la purée de pomme.
Épaule de mouton farcie en broche.
Soissons au jus.
Compote de poires.

MARDI.

Potage au riz.
Cabillaud maître d'hôtel
Petit salé de Bretagne aux choux de Bruxelles.
Aloyau en broche.
Épinards au beurre.
Beignets de pâte vanillée.

MERCREDI.

Consommé aux cœurs de laitue.
Harengs frais sauce moutarde.
Poulet sauté chasseur.
Brochettes de mauviettes.
Salsifis en robe de chambre.
Crème au café.

JEUDI.

Consommé purée de homard.
Soles au vin rouge.

Poitrine d'oie à l'oseille.
Filet en broche,
Timbale de vanille.
Croquettes de riz.

Consommé purée de homard. — Faites votre purée avec la queue et les œufs d'un homard que vous pilez ensemble; maniez la purée avec du beurre frais, ajoutez du bon consommé et liez avec des jaunes d'œufs, soupçon de poivre de Cayenne.

VENDREDI.

Maigre.

Purée de lentilles aux huîtres.
Morue aux tomates.
Salmis de sarcelles.
Nouilles au gratin.
Crème à la vanille.

Gras.

Consommé au riz à la chiffonnade d'oseille.
Petits pâtés aux moules.
Civet de lièvre.
Gigot d'agneau en broche.
Chicorée au jus.
Timbale de poire au madère.

Morue aux tomates. — Faites passer votre morue dessalée et cuite dans une friture à l'huile, parez-la en morceaux de cinq centimètres carrés, et servez sur une belle sauce tomate très réduite, avec une garniture de petites pommes de terre tournées et frites à l'huile.

Consommé au riz à la chiffonnade d'oseille. — Dans ce consommé, l'oseille ne doit pas être cuite, mais hachée en poussière et semée sur le potage.

Petits pâtés aux moules. — Faites cuire vos moules dans leur eau, sortez-les de leur coquille et versez-les dans la sauce suivante : faites prendre au bain-marie six jaunes d'œufs dans une demi-livre de beurre et un verre de crème, salez, poivrez, exprimez le jus d'un citron, ajouter les moules et garnissez de petits pâtés, selon le nombre des convives.

Timbale de poire. — Faites cuire vos poires dans une timbale avec un verre de vin de Madère et du sucre candi, retirez quand la poire s'est glacée dans son jus.

SAMEDI.

Consommé aux pâtes de cerfeuil.
Raie au beurre fondu.
Blanquette de veau.
Filet rôti.
Épinards aux croûtons.
Petites pâtisseries assorties.

Consommé à la pâte de cerfeuil. — Faites une pâte comme pour les beignets, un peu plus épaisse, ajoutez une forte cerfeuillade hachée en poussière, faites de petits beignets de la grosseur d'une pièce de un franc, six par convive, et versez-les dans le consommé au moment de servir.

Raie au beurre fondu. — Faites un court-bouillon

fortement épicé, une pincée de piment, feuille de laurier, thym, deux gousses d'ail, trois oignons, un clou de girofle, deux ou trois feuilles de menthe. Quand ce court-bouillon a cuit une heure, passez et placez-y votre raie ; quand elle est cuite, dressez-la sur un plat et arrosez-la de beurre fondu.

DIMANCHE.

Consommé de volaille au tapioca.
Volaille aux cèpes.
Petites tanches frites.
Bécasses en broche.
Salsifis en pâte.
Bombe glacée.

Volaille aux cèpes. — Faites cuire votre volaille dans du consommé sans couleur, et pour qu'elle conserve sa forme, entourez-la avec des bandes de toile. Puis faites une belle sauce avec tranche de jambon d'York, consommé réduit, un verre de Madère, le jus d'une tomate, épices et bouquet garni, passez après cuisson, laissez réduire jusqu'à consistance de coulis, ajoutez-y vos cèpes que vous avez fait cuire à part, entourez votre volaille de cette sauce et servez ; le suprême est d'obtenir une sauce d'un beau brun doré et une volaille très blanche.

LUNDI.

Potage perdrix à la purée de marrons.
Filets de soles aux fines herbes.
Noix de veau à l'oseille.
Oie rôtie.
Salade de betterave et de pommes de terre.
Brioches au fromage de gruyère.

Potage perdrix à la purée de marrons. — Broyez une vieille perdrix au mortier, faites-la cuire dans du consommé, passez après cuisson, liez votre potage avec un peu de purée de marrons, ajoutez des petits croûtons grillés, quelques émincés de truffes et servez.

Salade. — Un lit de pommes de terre et de betteraves coupées très minces, et alternées, quelques câpres, chiffonnade de persil et filets d'anchois.

Brioche. — Introduisez du fromage râpé dans des brioches et faites-les passer dans un four assez doux pendant dix minutes.

MARDI.

Potage croûte au pot.
Matelotte d'anguille.
Côtes de mouton à la purée de pommes.
Poulet rôti.
Flageolets au jus.
Marmelade de pommes et biscuits à la cuillère.

MERCREDI.

Potage pâte d'Italie.
Friture de choux
garnie d'une chiffonnade de persil.
Sautée de jeunes poulets.
Gigot rôti.
Sandwich de Madère à la gelée de coins.

Sautée de jeunes poulets. — Voici notre recette : Découpez deux jeunes poulets selon les jointures ;

faites-les sauter rapidement sur un feu vif, quand ils commencent à prendre couleur, ajoutez champignons hachés, sautez plus vivement encore ; quand le tout est d'une belle couleur dorée, salez, poivrez, ajoutez un verre à bordeaux de vin de Madère, un morceau de beurre frais pour lier, et servez.

JEUDI.

Potage à la Lyonnaise.
Petites saucisses à la purée de
pommes reinettes.
Mouton à la Parmentière.
Veau en broche.
Choux-fleurs au gratin.
Tarte aux pommes.

Potage Lyonnaise. — Faites fondre les blancs de dix poireaux dans du beurre, ajoutez du parmesan râpé, mouillez avec du bon consommé en même temps que vous mettez le parmesan, et servez sur des tranches de pain grillées.

Petites saucisses à la purée de pommes reinettes. — Faites une purée avec quelques pommes reinettes pas très mûres, sucrez légèrement et servez sur ce lit de petites saucisses que vous aurez fait convenablement revenir dans du beurre frais.

Mouton à la Parmentière. — Faites cuire à l'eau un carré de poitrine de mouton, passez-le ensuite sur le gril ; quand il est d'une belle couleur, mettez-le sur un plat, arrosez-le d'un jus de citron, et mettez tout le tour en couronnes des pommes de terre cuites à l'eau que vous avez sautées au beurre, et couvertes d'une chiffonnade de persil.

Dans les ménages modestes, le bouillon du mouton, additionné de quelques pommes de terre réduites en purée, d'un peu de persil haché, et servi sur des tranches de pain grillées, fera un excellent potage.

VENDREDI.

Maigre.

Consommé de poisson.
Morue à la bourguignonne.
Timbale de lazagnes.
Saumon grillé.
Côtes de bettes au gratin.
Brioches en beignets.

Gras.

Consommé à la semoule
coloré au jus de tomates.
Anguille à la maître d'hôtel.
Civet de lièvre.
Aloyau rôti.
Cardons à la moelle.
Biscuits et crème au chocolat.

Maigre.

Morue à la bourguignonne. — Faites une sauce avec un quart de beurre, six cuillerées d'excellente huile d'olive, dans lesquelles vous ferez mijoter la chair d'un citron, coupée en petits dés, des filets d'anchois, du persil, des ciboules, une pointe d'ail, deux échalotes, le tout haché très menu, faites cuire sans que le beurre ni les assortiments ne prennent couleur, salez et poivrez, faites griller des tranches de pain anglais dans le beurre.

Dressez votre morue cuite à l'eau sur ces tranches de pain et masquez le tout avec votre sauce.

Brioches en beignets. — Coupez des tranches de brioches, jetez sur ces tranches quelques gouttes d'absinthe, passez rapidement dans une pâte légère et faites frire. C'est un des plus délicieux entremets que je connaisse.

Gras.

Le menu de ce jour n'offre aucune difficulté. Je ne dirai qu'un mot au sujet de l'anguille maître d'hôtel.

Voici comment je la prépare : Après lui avoir enlevé la peau, je la passe pendant quelques secondes dans du vinaigre d'estragon, je la pane, et je la mets en rond sur le gril.

Pendant qu'elle cuit, je manie un bon morceau de beurre avec persil, cerfeuil, six amandes blanchies et pilées au mortier, poivre et sel, et je couche mon anguille sur ce lit, aussi moelleux que succulent .

SAMEDI.

Consommé duchesse.
Filets de soles aux fines herbes.
Canetons aux olives farcies.
Timbales de mauviettes.
Choux de Bruxelles au beurre.
Meringues à la crème.

Consommé duchesse. — Ayez du bon consommé, ajoutez-y partie égale d'excellent lait, veloutez avec une demi-cuillerée de farine de pomme de terre, et liez avec des jaunes d'œufs avant de servir. Battez vos blancs en neige, faites-les prendre par petite portion dans du lait bouillant, et servez sur votre potage.

Canetons aux olives farcies. — Farcissez vos olives avec chair à saucisse, foie des canetons.

Mettez les canetons en broche, retirez-les, placez-les, en les découpant selon les jointures, au fond d'une timbale, versez dessus tout le jus de la lèchefrite, ajoutez un morceau de beurre manié avec du persil, des champignons hachés, vos olives farcies, un verre de consommé et un verre de madère, et laissez mijoter sur feu doux jusqu'à réduction.

DIMANCHE.

Potage au pain.
Truite sauce crevettes.
Poulet sauté chasseur.
Gigot de chevreuil rôti.
Fonds d'artichauts au jus.
Pommes au thé vanillé.

Truite sauce crevette. — Faites cuire votre truite au four après l'avoir enveloppée dans un papier beurré, et masquez-la d'une sauce crevette très réduite.

Pommes au thé. — Faites cuire de belles pommes dans une infusion de thé vanillé, et caramélisez-les dans un sirop de sucre.

LUNDI.

Purée de carottes aux fines herbes.
Escalopes de homard aux tomates.
Compote de pigeons aux petits
oignons.
Côte de bœuf à la broche.
Salade de légumes cuits.
Compote de poires.

Escalopes de homard. — Faites cuire deux homards dans un court-bouillon, divisez les queues en tranches, faites prendre légère couleur dans une friture, et servez sur une purée de tomates très réduite au beurre, avec un petit verre de cognac, une pincée de poivre de Cayenne, dressez avec une garniture d'écrevisses chaudes.

MARDI.

Potage aux choux de Bruxelles.
Matelote de tanches.
Filet de bœuf au vin rouge.
Bécasse rôtie.
Épinards au beurre.
Gâteau de riz.

Potage aux choux de Bruxelles. — Blanchissez des choux de Bruxelles, faites-les cuire avec un peu de petit lard et quelques pommes de terre dans de l'eau, laissez réduire, ajoutez consommé en quantité suffisante, mettez vos pommes de terre en purée, hachez menu votre lard, réunissez le tout, et versez sur des boulettes de pain à potage avec un peu de parmesan râpé.

Filet de bœuf au vin rouge. — Faites une sauce avec consommé, vin rouge, échalotes, deux gousses d'ail, une feuille de laurier, laissez réduire, mettez votre filet en broche, une fois cuit à point faites-le passer cinq minutes dans la sauce, et ajoutez le jus de la lèchefrite.

MERCREDI.

Consommé à la purée de potiron.
Harengs frais sauce moutarde.
Blanquette de poulet.
Veau rôti pièce du rognon.
Friture de salsifis.
Œufs à la neige.

Consommé à la purée de potiron. — Faites cuire du potiron, réduisez-le en purée, liez avec quatre jaunes d'œufs, et ajoutez trois litres de consommé bouillant au moment de servir.

JEUDI.

Potage julienne.
Jambon aux épinards.
Pieds de veau poulette.
Lièvre rôti sauce merveilleuse.
Buisson d'écrevisses.
Glace au parfait.

Lièvre rôti sauce merveilleuse. — Placez dans une casserole une belle tranche de jambon d'York, un morceau de beurre, six oignons, une gousse d'ail, thym, laurier, vingt grains de poivre blanc, persil, une feuille de menthe, un verre de consommé, deux verres de vin blanc, un petit verre de cognac, deux cuillerées de vinaigre, sel, et faites cuire jusqu'à réduction à un verre seulement.

VENDREDI.

Maigre.

Potage des sept légumes.
Rougets au vin blanc.
Champignons à la crème.
Carpe farcie en broche.
Pommes de terre en cerfeuillade.
Tarte aux poires.

Gras.

Potage Crécy.
Poulet à l'estragon.
Râble de lièvre rôti.
Écrevisses bordelaises.
Gâteau de fruits.

Maigre.

Potage des sept légumes. — Ayez des épinards, de l'oseille, des poireaux, des oignons blancs, des feuilles de céleri, du cerfeuil et du persil, hachez le tout, menu comme des fines herbes. Il en faut une forte quantité; faites mijoter avec un gros morceau de beurre frais, ajoutez du lait suivant la quantité des personnes, et versez dans la soupière, sur de petites tartines de pain beurrées et légèrement grillées au four.

Rougets. — Parez vos rougets dans un plat, mouillez-les avec un demi-verre de vin blanc, ajoutez un gros morceau de beurre, une pincée des quatre épices, sel, et tout le jus d'un citron, faites cuire au four et mangez dans son jus; si la sauce n'est pas assez réduite, faites réduire au feu dans une petite casserole.

Champignons à la crème. — Faites une crème très blanche avec beurre, farine et lait, sel et soupçon de poivre, puis faites cuire vos champignons dans ce mélange, à un feu très doux, en ayant soin de remuer constamment avec la cuillère de bois; au moment de servir, liez avec trois jaunes d'œufs par livre de champignons.

Carpe farcie. — Faites une farce avec crème, laitance de carpe, mie de pain et beurre frais, une pincée d'épices, persil haché, sel et poivre, garnissez-en la carpe, frottez-la de beurre, mettez en broche et arrosez avec beurre fondu et un verre de madère.

Pommes de terre en cerfeuillade. — Faites cuire

à l'eau de belles pommes de terre, coupez-les en rouelles, faites-les revenir au beurre, avec une poignée de petits oignons hachés tous menus. Quand le tout est d'une belle couleur, salez, sautez, versez dans le plat et couvrez littéralement de cerfeuil haché très menu, parsemez la surface de petits morceaux de beurre frais.

Tarte aux poires. — Faites cuire et prendre couleur, sur une plaque, dans un four, à une pâte feuilletée abaissée au rouleau, et garnissez avec une compote de poire cuite au sucre et à la vanille.

Gras.

Potage Crécy. — C'est un potage au riz, dont le consommé est coloré au jus de carottes ou mieux de tomates.

Poulet à l'estragon. — Faites un roux avec petits oignons hachés très menus, ajoutez au poulet découpé une cuillère de farine ; quand le tout est de belle couleur, mouillez avec moitié vin blanc et moitié bouillon ; cinq minutes avant de servir, ajoutez une forte chiffonnade d'estragon.

Écrevisses bordelaises. — Faites cuire vos écrevisses avec simplement un demi-verre de vinaigre par six douzaines, une poignée de gros sel et un gros bouquet de persil. Égouttez et remuez.

Faites un roux avec oignons, petit lard, rondelles de carottes, farine en petite quantité, mouillez avec du bon consommé, ajoutez du sel et une pincée de poivre de Cayenne, faites réduire, passez, ajoutez vos écrevisses, faites réduire à glace et servez.

Gâteau de fruits. — Faites griller au four des rondelles de mie de pain anglais, ayez un mélange de fruits-confits en quantité suffisante et procédez ainsi : vous garnissez un moule avec du sucre fondu au feu, en l'amenant à couleur voulue, puis vous remplissez ce moule avec un lit de pain grillé et un lit de fruits alternativement, jusqu'à ce que le moule soit plein; vous achevez de remplir avec du lait sucré et vanillé, dans lequel vous délayerez quatre jaunes d'œuf par demi-litre de lait; les blancs doivent être battus en neige avant de les joindre au mélange. Vingt minutes au four suffisent pour faire prendre ce gâteau, qu'il faut recouvrir d'une rondelle de papier beurré.

SAMEDI.

Potage purée de perdreau.
Volaille au gros sel.
Roatsbeef.
Épinards au jus.
Crêpes à la confiture.

Potage à la purée de perdreau. — Faites rôtir un perdreau, pilez-le tout entier dans un mortier, donnez quelques verres de bouillon dans du bon consommé, passez au tamis, ajoutez le jus dégraissé de la lèchefrite et servez sur de petits croûtons passés au beurre, volaille au gros sel. — Introduisez dans une belle volaille bien parée un gros morceau de beurre marié avec du sel, placez cette volaille dans un pot en fer battu que vous commanderez ou choisirez exprès, ayant deux fois le volume de la volaille; ce pot doit fermer hermétiquement; placez-le dans une marmite d'eau bouillante, de façon que l'eau n'arrive qu'aux deux tiers de la hauteur du pot. Bouchez la marmite, et continuez l'ébullition pendant demi-heure. Au bout de ce temps retirez la volaille que vous arrosez du jus qu'elle a rendu, parsemez-la de gros sel, et mangez ce mets des dieux que le cuisinier populaire a inventé à votre intention, ami lecteur.

Nous engageons tous les gourmets à se munir d'un pot à volaille. Pour deux francs ils en verront la fin, la première marmite venue peut servir de bain-marie; il n'y a peut-être pas en cuisine de plat plus délicat, plus sain et plus simple à la fois que cette volaille cuite dans son jus.

Crêpes à la confiture. — On fait simplement des crêpes légères que l'on enduit de confiture et que l'on roule toutes chaudes.

Cet entremets doit être servi très chaud.

DIMANCHE.

Consommé à la crème de légumes.
Bar aux fines herbes.
Salmis de grives à la bourguignonne.
Poulet rôti.
Cèpes à la bordelaise.
Choux à la crème glacée et aux biscuits.

Consommé à la crème de légumes. — Faites trois crèmes très épaisses, avec : 1° jus d'épinards; 2° jus de carottes; 3° jus de navets; laissez refroidir, découpez en petits dés et servez dans du consommé. Le meilleur est le consommé de veau et volaille sans couleur.

Bar aux fines herbes. — Parez un bar, frottez-le de beurre, roulez-le dans une feuille de papier beurrée, faites-le cuire et prendre couleur au four, et servez-le sur un plat très chaud, garni de beurre manié aux fines herbes, salez le bar en le dégageant de son enveloppe de papier.

Salmis de grives. — Bardez de lard une demi-douzaine de grives, mettez en broche et faites prendre forte couleur, débrochez, entourez vos grives de feuilles de vigne, placez-les au fond d'une casserole, recouvrez d'une large tranche de jambon très mince, mouillez avec un demi-verre de bouillon et un demi-verre de vin rouge, ajoutez sel et poivre, un bouquet de persil, faites réduire, arrosez, au moment de servir, avec le jus de la lèchefrite, et servez sur des tartines de pain légèrement grillées et beurrées.

Cèpes bordelaises. — Voici la meilleure recette : Faites passer de beaux cèpes dans quelques cuillerées de bonne huile d'olive, ajoutez-y une ou deux gousses d'ail hachées bien menues, selon la quantité de cèpes, et un cèpe moyen haché, sel et poivre, finissez par une cuillerée de sauce tomate, réduite à l'huile d'olive, et servez brûlant.

Choux à la crème glacée. — Faites simplement

glacer une belle crème à la vanille, que vous servez sur un plat flanqué de petits biscuits et de petits choux recouverts de caramel; les petits biscuits et les choux caramélisés permettent par leur adhérence de construire de petits monuments selon le goût.

LUNDI.

Potage à l'oseille fraîche.
Moules des gourmets.
Veau à la broche.
Céleri au jus.
Masqué de pommes au riz.

Dans chaque menu, nous nous bornerons à donner les recettes des plats nouveaux ou difficiles.

Potage à l'oseille fraîche. — Faites cuire en robe de chambre des pommes de terre en quantité suffisante, après les avoir pelées, écrasez-les au mortier ou dans une casserole, placez sur un feu doux avec un bon morceau de beurre, délayez lentement de façon à faire une belle purée de potage, colorez avec du jus de carotte, et salez. Au moment de servir vous jetez dans la soupière une poignée, forte ou légère selon les goûts, d'oseille hachée aussi menue que des fines herbes, puis vous liez avec deux jaunes d'œufs et quelques cuillerées de crème.

Moules des gourmets. — Ayez deux ou quatre

litres de moules, suivant les convives, après les
avoir bien lavées, faites-leur quitter leurs coquilles sur le feu, et réservez les moules ainsi
recueillies, faites alors un roux léger avec oignons,
petit lard, rouelles de carottes, un peu de farine,
mouillez avec du bon bouillon et un demi-verre
de madère ou de vin blanc, ajoutez bouquet garni,
laissez réduire jusqu'à consistance de sauce, passez et achevez de faire cuire les moules dans
cette réduction. Poivre et sel. Au moment de servir, ajoutez un bon morceau de beurre manié avec
un peu de persil et une gousse d'ail hachés.

Masqué de pommes au riz. — Garnissez un moule
avec du sucre fondu au blanc ou au caramel, selon
la couleur qu'on veut donner au gâteau. Faire cuire
du riz avec du lait, du sucre et de la vanille jusqu'à
consistance épaisse, ajoutez pour un quart de livre
de riz deux jaunes d'œufs et les blancs battus en
neige.

Ayez en même temps une marmelade de pommes
très épaisse, et procédez de la manière suivante :
garnissez tout le fond du moule de riz, sur une
épaisseur de deux ou trois centimètres, puis tout le
tour du moule, élevez une muraille de riz de même
épaisseur, versez dans le centre votre marmelade
de pommes et recouvrez avec une couche de deux
ou trois centimètres de riz, faites prendre au four
pendant un quart d'heure, en recouvrant le moule
d'une feuille de papier beurré, puis dégagez du
moule avec prudence.

MARDI.

Consommé aux petits pois.
Pâtés chauds d'andouillettes.
Canard rôti.
Gratin de macaroni.
Beignets de pêche.

Consommé aux petits pois. — Faites un consommé avec une volaille vieille, dégraissez, clarifiez et ajoutez un litre de petits pois, sel et un petit bouquet de persil; au moment de servir, ajoutez un bol de crème avec une liaison de deux jaunes d'œufs.

Pâté d'andouillettes. — Ayez une pâte feuilletée, placez sur le gril une demi-douzaine d'andouillettes; quand elles sont à point, roulez chacune d'entre elles dans un peu de pâte feuilletée, abaissée au rouleau, dorez avec un peu de jaune d'œuf étendu d'eau et faites cuire au four sur papier beurré.

Macaroni. — Faites cuire votre macaroni dans du consommé avec une gousse d'ail, un oignon blanc piqué d'un clou de girofle, un peu de muscade, un bouquet garni, le tout mis dans un petit sac en toile. Quand le macaroni est cuit, retirez le petit sac où vous avez placé vos condiments, ajoutez un peu de foie gras que vous aurez écrasé et délayé dans du consommé, du parmesan râpé, un bon morceau de beurre frais, du sel et une pointe de poivre de Cayenne, mélangez bien, versez dans le plat à gratiner, recouvrez de fromage de gruyère râpé, et faites prendre couleur au four.

Beignets. — Avant de faire vos beignets, faites mariner vos tranches de pêche pendant une demi-heure dans du sucre en poudre et un peu de kirsch.

MERCREDI.

Croûte au pot bourgeoise.
Sole au beurre blanc.
Gigot rôti.
Haricots panachés au jus.
Crème au chocolat.

Croûte au pot bourgeoise. — Faites gratiner au four toute la croûte d'un pain à potage en la garnissant de beau beurre frais, placez dans la soupière, versez du bon bouillon et servez rapidement.

Sole au beurre blanc. — C'est un des mangers les plus délicats que nous connaissions. Parez une belle sole, faites-la baigner dans du beurre simplement chauffé à blanc, et faites-la cuire en agitant constamment le plat et en veillant que ni la sole ni le beurre ne prennent couleur.

JEUDI.

Potage à la purée de légumes.
Ris de veau aux tomates et aux cèpes.
Filet rôti.
Croquettes de pommes de terre au fromage.
Omelette soufflée.

Potage à la purée de légumes. — Faites cuire dans de l'eau de sel pommes de terre, carottes, navets, oignons blancs, quelques têtes de poireaux, une gousse d'ail, pilez au mortier, passez au tamis, et ajoutez excellent bouillon avec une chiffonnade de persil.

Ris de veau aux tomates. — Parez et blanchissez vos ris de veau, piquez-les au jambon, faites-leur prendre une belle couleur à la broche, garnissez une douzaine de gros cèpes, au moins suivant les cas d'une sauce tomate réduite au beurre et très concentrée, surmontez chaque cèpe ainsi préparé d'une tranche de ris de veau coupée en rondelle, mettez le tout dans un plat, arrosez avec la lèchefrite des ris de veau, faites prendre couleur un instant au four et servez.

Croquettes. — Faites cuire des pommes de terre en robe de chambre, épluchez-les, introduisez dans le milieu un peu de fromage de gruyère et gros comme une noisette de beurre frais, avec un peu de sel, puis à l'aide d'un linge comprimez la pomme de terre et aplatissez-la en guise de petit pain, d'un coup de paume de main. Quand vous en avez la quantité voulue, vous lui faites prendre couleur rapidement dans une friture bien chaude, et vous servez très chaud. Ces croquettes peuvent être faites sans fromage, elles sont beaucoup plus délicates ainsi qu'avec les recettes ordinaires.

Potage à la crème de gibier.
Escalopes de truites au beurre
de noisette.
Filet braisé à la Marguerite.
Compote de perdreaux.
Agneau entier à la broche.
Sauce au citron.
Cèpes farcis.
Salade de queues d'écrevisses aux truffes.
Sorbets au marasquin.
Gâteau des mille fruits.

Potage à la crème de gibier. — Faites cuire une perdrix dans un litre de bon consommé, laissez réduire de moitié, désossez la perdrix après cuisson, pilez dans un mortier, ajoutez un quart de graisse de rognon de veau, pilez ensemble, ajoutez deux jaunes d'œufs et un blanc battu, faites de petites quenelles que vous faites pocher dans le bouillon de cuisson de la perdrix, ajoutez la quantité nécessaire de consommé et servez.

Escalopes de truites. — Ayez deux belles truites, parez-les, dépouillez-les de leurs arêtes, coupez la chair en carrés ou en losanges, mettez dans une friture fraîche, laissez prendre couleur, et servez sur un lit de beurre frais pilé avec deux noisettes et une amande amère.

Filet braisé. — Braisez un filet piqué au jambon et servez-le entouré d'une garniture de truffes, de champignons tournés, de cèpes hachés, de truffes émincées, de rognons et de crêtes de coqs, d'huîtres, de queues d'écrevisses, en entourant le plat de beignets, de rondelles de homards, marinées dans du madère, alternées avec de petites quenelles de volailles aux pistaches.

Compote de perdreaux. — Faites un salmis de perdreaux et garnissez-le de petits oignons glacés au sucre.

Agneau rôti en broche, sauce citron. — Quand votre agneau commence à prendre couleur, exprimez le jus d'un citron dans la lèchefrite et arrosez le rôti jusqu'à parfaite cuisson.

Cèpes farcis. — Garnissez vos cèpes avec foie gras et mie de pain trempée dans du lait, recouvrez le tout avec de la chair à saucisses, de la chapelure, et faites prendre couleur au four.

Soupe paysanne.
Bœuf en daube.
Macaroni à la française.
Tarte à la frangipane.

Quelle joie pour notre ménagère que de réunir tout ce qu'elle a de plus cher autour de sa table! Les enfants ont été sages, le papa les a conduits à la promenade, on rentre à six heures, la table est prête, la mère, joyeuse et fière, sert à sa maisonnée notre menu du dimanche, elle a fait des prodiges sans augmenter son petit budget.

Soupe paysanne. — Faites cuire à l'eau de sel trois grosses pommes de terre, réduisez-les en purée, dans le bouillon ajoutez sel, poivre, un peu de beurre, une bonne poignée d'oseille hachée très menu, et trempez sur des tranches de pain grillées.

Bœuf en daube. — Achetez le samedi soir un carré de bœuf, frottez-le avec une gousse d'ail, et faites-le mariner toute la nuit dans une cuillerée de vinaigre, et un demi-verre de vin rouge, sel et poivre, une feuille de laurier, un oignon piqué d'un clou de girofle et un bouquet garni; faites braiser à feu doux pendant quatre heures.

Macaroni à la française. — Faites cuire une livre de macaroni dans de l'eau de sel avec une gousse d'ail, un oignon piqué d'un clou de girofle, un bouquet garni, sel et poivre. Quand l'eau est réduite, ajoutez un quart de chair à saucisses, un quart de graisse blanche, un quart de gruyère, versez dans un plat, couvrez et faites prendre couleur en mettant des charbons ardents sur le couvercle.

VENDREDI

Maigre.

Potage purée de lentilles, aux petits croûtons garnis d'une chiffonnade de cerfeuil.
Sole au beurre blanc.
Salmis de sarcelles.

Soufflé de pommes de terre au gratin.
Escalopes de thon sauce madère.
Timbale de nouilles.
Crème vanille.
Biscuits à la cuillère,

Gras.

Potage à la queue de bœuf.
Barbue sauce fines herbes.
Filets de mouton au céleri.
Faisan en broche.
Purée de marrons.
Babas à la crème.

SAMEDI.

Consommé au semis de cresson.
Bouchées à la reine.
Pièce de bœuf
braisée au macaroni.
Chapon en broche.
Salade de homard.
Beignets à la conserve de rose.

DIMANCHE.

Consommé à la julienne.
Tête de veau sauce madère.
Jambon aux épinards.
Salmis de mauviettes.
Chevreuil en broche.

Cardons à la moelle.
Petits fours.
Bombe au moka.

LUNDI.

Consommé à l'orge perlé.
Filets de turbot aux crevettes.
Poulet sauté chasseur.
Côte de bœuf en broche.
Parmentières en paille.
Gâteau de riz.

MARDI.

Consommé aux œufs pochés coloré
à la tomate.
Petites tanches maître d'hôtel.
Veau à la bourgeoise.
Gigot de présalé en broche.
Purée de navets.
Sandwichs de madeleines à la compote
de fraises.

MERCREDI.

Croûte au pot.
Volaille au riz.
Rognons sauce madère.
Filet de bœuf piqué en broche.
Céleri au jus.
Compote de poires.

JEUDI.

Crème de consommé aux queues d'écrevisses.
Blanquette d'agneau.
Tourte aux ris de veau.
Perdreaux en broche.
Choux de Bruxelles au beurre.
Petites tartelettes aux pommes.

PETITE CUISINE.

Potage de poireaux.
Oreilles de porc à la purée de lentilles.
Salade de légumes.
Pommes au sucre.

Potage fondue de poireaux. — Faites fondre trois poireaux dans du beurre, ajoutez de l'eau, portez à l'ébullition, versez sur des tranches de pain grillées; quand le pain est bien trempé, ajoutez pour 10 centimes de lait non bouilli.

Oreilles de porc purée de lentilles. — Ayez deux oreilles de porc fraîches, faites-les cuire dans un litre d'eau avec grosse poignée de sel, et servez-les sur une purée de lentilles.

Ne salez point l'eau de cuisson de vos lentilles, ajoutez-y l'eau de cuisson salée avec excès des oreilles, et vous aurez un excellent bouillon pour le lendemain ou pour le jour même, si vous préférez négliger la fondue de poireaux.

Salade de légumes. — Faites cuire deux pommes

de terre, deux navets, deux carottes, une demi-livre de haricots blancs dans de l'eau de sel, et opé-
rez comme pour une salade fraîche.

Pommes au sucre. — Pelez six pommes, enlevez
le cœur et les pépins, mettez dans le centre de chaque pomme gros comme une noisette de beurre,
un peu de sucre, une cuillerée à café de kirsch,
six cuillerées d'eau et faites cuire à feu très doux.

RÉGIME CULINAIRE

A SUIVRE

CONTRE L'OBÉSITÉ

CHEZ LES DEUX SEXES

I

QU'EST-CE QUE L'OBÉSITÉ?

L'obésité est une hypertrophie du tissu adipeux soit sous-cutané seulement, soit épiploique et mesentérique.

L'hypertrophie d'un organe est l'accroissement excessif de cet organe entier, ou d'une partie seulement de cet organe caractérisé par une augmenta- de son poids et de son volume, sans altération réelle de sa texture interne.

L'obésité peut n'être que superficielle, ou simplement sous-cutanée.

Elle peut affecter le gastro-hépatique, le grand épiploon, et le gastro-splénique, c'est-à-dire les trois parties qui composent l'épiploon. — L'épiploon est le double feuillet membraneux formé par l'expansion du péritoine qui, des courbures de l'estomac et de la convexité de l'arc du colon, se prolonge d'une manière lâche et flexueuse sur les circonvolutions de l'intestin grêle. Quand elle devient mésentérique, l'obésité gagne tout le péritoine, le mésentère qui se soude à la colonne vertébrale et les intestins.

Ces distinctions ne sont que scientifiques, car toute obésité affecte ordinairement ces trois formes à la fois : sous-cutanée, épiploïque et mésentérique. Seulement, quand on dit d'une obésité qu'elle est sous-cutanée ou mésentérique, par exemple, cela montre qu'elle s'est développée plus particulièrement dans la partie que l'on indique.

Quand l'obésité arrive à l'état dit de *polysarcie-adipeuse*, elle atteint son plus grand degré de développement.

Toutes les cellules du tissu cellulaire, ou à peu près, passent à l'état de vésicules graisseuses, jusqu'entre les muscles et autres parties du corps qui, normalement ne contiennent pas ou presque pas de graisse.

Toute cette masse de graisse envahissante présente alors un volume considérable de substance inerte et physiologiquement inutile et partout nuisible, en ce qu'elle cause la diminution insensible du volume des muscles, paralyse l'énergie des contractions musculaires, produit la gêne de la marche et des autres mouvements, diminue les fonctions du cœur, des poumons, et jette enfin tout l'organisme dans un tel état, que de quarante-cinq à cinquante ans, la plupart des sujets atteints d'obé-

sité contractent des maladies de cœur et de l'estomac, des diabètes ou des albuminuries qui les enlèvent rapidement, quand l'apoplexie ne vient pas
subitement, comme un suprême remède, les enlever à leurs souffrances.

Comme on voudrait se soigner alors... mais il
n'est plus temps.

Nous avons vu des obèses dont le panicule adipeux atteignait à l'abdomen jusqu'à 12 et 15 centimètres d'épaisseur; jugez de la quantité de graisse
qui devait paralyser tous les organes intérieurs.
Comment voulez-vous après cela que le corps ac-
complisse ses fonctions, que la vie se renouvelle
dans ces tissus, dans ces muscles atrophiés!

Ne croyez point que je cherche à effrayer les *obèses;*
je n'ai d'autre but que de leur dire la vérité sans
fard, et de les éclairer sur la gravité de leur situation.

Tout homme atteint de cette infirmité, *si facilement et si rapidement guérissable*, et qui, pour ne
point s'imposer quelque gêne, refuse de se soumettre au traitement qui pourrait le sauver, doit être
considéré comme un homme qui se suicide lentement.

Pour nous, l'homme obèse qui ne se soigne pas
de gaieté de cœur diminue son existence de quinze
à vingt ans, et souvent plus.

Jetez un regard autour de vous, voyez ce que deviennent, quand ils avoisinent la soixantaine,
tous ces hommes gras à l'excès, que la bonne
chère, l'oisiveté, le sommeil prolongé, ont conduit
à l'obésité : les uns, sous le coup du diabète ou de

l'albuminurie, presque toujours les deux, fondent comme des masses de neiges au contact de la chaleur, et meurent avec toute leur raison, et la conviction que quelques années avant ils auraient pu se sauver d'une fin aussi rapide, aussi prématurée.

D'autres ne peuvent plus faire un pas sans être atteints de palpitations et d'étouffements; d'autres ne digèrent plus, ou s'en vont d'une dégénérescence graisseuse du foie ou du rein.

D'autres enfin tombent dans le gâtisme et l'imbécilité. Quand le premier coup de foudre arrive, comme une digue qui se rompt, quand la première atteinte se fait sentir, presque toujours d'une façon foudroyante, alors on court à la porte du médecin, on implore la guérison, presque toujours il est trop tard.

Je ne saurais trop le répéter, je n'ajoute pas d'ombres au tableau, je n'atteins même pas la réalité.

Dans ces affections dont la marche est pendant de longues années insensible, mais dont le résultat final est aussi inévitable que terrible, ce serait manquer à mes devoirs envers mes lecteurs que de prendre des ménagements, et de déguiser ou d'affaiblir la vérité.

La consolation de ce que je viens de dire est dans ce fait que j'érige en axiome :

C'est que quand l'obésité n'a pas encore développé une de ces maladies incurables qu'elle entraîne avec elle, elle se guérit en peu de temps, et que la guérison en est radicale à condition de continuer un système d'hygiène approprié.

Nous donnerons bientôt les différents traitements qu'il faut suivre, selon l'âge, le sexe et le tempérament, et nous pouvons affirmer que celui qui voudra bien suivre nos prescriptions, verra disparaître son obésité, et recouvrera rapidement l'énergie, la force, la vitalité que cette affection fait perdre.

II

OPINIONS DE TOUS LES GRANDS MÉDECINS.

Après avoir défini l'obésité, et indiqué les terribles conséquences de cette grave affection, pour prouver à nos lecteurs que notre tableau n'avait rien d'exagéré, qu'il est même resté au-dessous de la réalité, nous allons donner les opinions des médecins les plus célèbres sur cette matière.

Hippocrate, traduction de Littré.

« Les individus qui ont naturellement beaucoup d'embonpoint sont plus exposés à une mort subite que les personnes maigres.

« Une femme qui a pris un embonpoint excessif ne conçoit point durant tout ce temps... l'orifice de l'utérus fermé par la graisse n'admet pas la semence. »

Dancal.

« Parmi les infirmités qu'occasionne trop souvent le trop grand embonpoint, il faut ranger la stérilité...

diminuer l'embonpoint des femmes grasses et sté-
riles, c'est donc les placer dans une condition favo-
rable à la conception. »

J. Sainclair.

« Obésité dans la jeunesse prévoit une courte
vie. »

Le Professeur Portal.

« Nous avons ouvert ou fait ouvrir le corps de
quelques personnes mortes d'apoplexie, dont on a
attribué la cause à un excès de graisse, avec d'autant plus de vraisemblance qu'on n'en connaissait
point d'autre et que la graisse dans ces sujets était
en quantité énorme à l'extérieur comme à l'intérieur. »

Aristote.

« Les personnes grasses vieillissent de bonne
heure, et par conséquent elles terminent plutôt leurs
jours. »

Celse.

« Les obèses sont sujets aux maladies aiguës, aux
dyspnées, à la mort subite. »

Ragge de Pavie.

« L'obésité est souvent une cause d'épilepsie. »

Maccary.

« Les terminaisons les plus fréquentes de l'obésité sont : l'orthopnée, les palpitations du cœur, les hernies, l'apoplexie, les éruptions miliaires, l'épistaxis, l'érysipèle, la gangrène, les maladies aiguës, la manie, le typhus, l'hystérie, l'anasarque, des diarrhées rebelles, la mort subite. »

Walter.

« Parmi les terminaisons les plus funestes de l'obésité, j'admets l'épanchement de la sérosité dans les ventricules du cerveau, qui occasionne la perte de la mémoire et des sens, et bientôt les vertiges, l'apoplexie, les spasmes, les palpitations de cœur, les fièvres malignes, les cachexies, l'œdème. Les scrofules peuvent être considérés aussi comme la terminaison de l'obésité ou une complication. »

Wunderlich.

« L'obésité détermine une prédisposition spéciale aux tumeurs parasitaires, principalement au cancer, elle prédispose au scorbut et à l'hydropisie, et très souvent elle amène le marasme. »

Wadd.

« Une palpitation subite produite dans le corps d'un homme obèse, a été souvent aussi funeste qu'une balle dans la poitrine.

« Il y a de nombreux cas de maladies mortelles

coïncidant avec l'accumulation de graisse dans le cœur qui a lieu chez les obèses.

« Dans beaucoup de cas de mort subite attribuées comme cause à l'apoplexie, je suis parfaitement convaincu que les symptômes d'origine se rapportant au cœur, à la circulation, au cerveau, pourraient être attribuées à l'obésité. »

Chambers.

« J'ai réuni 69 cas dont les rapports nécropsiques sont absolument authentiques, 67 ayant été examinés à l'hôpital St-Georges, et deux par le Dr Shearman, dont le soin et l'érudition sont bien connus.

CAUSES DE LA MORT CHEZ SOIXANTE-NEUF PERSONNES OBÈSES.

Cas médicaux.

Hydropisie.	13
Coma apoplectique.	11
Pneumonie.	5
Pleurésie aiguë.	3
Atrophie graisseuse du cœur.	1
Anévrisme.	1
Maladie maligne.	1
Typhus.	1
Rupture de l'estomac.	1
Polypes utérins.	1
Érésypèle de la face.	1

Cas chirurgicaux.

Péritonite après hernie.	8
Érésypèle à la suite d'ulcères et de blessures légères.	3
Gangrène des obèses.	2

Inflammation cellulaire diffuse. 2
Abcès secondaires. 3
Néphrite après lithotritie. 1
Prostate malade. 1
Accidents divers causés par l'obésité. 10

« Le cœur a été examiné chez 57 de ces sujets, il a été trouvé sain chez 7.

« Sur les 50 malades.

« 5 étaient hypertrophiés et non dilatés.

« 8 étaient hypertrophiés et dilatés.

« 26 étaient dilatés seulement.

« 11 atrophiés.

« Chez 14 sujets, on trouva en outre les reins affectés de dégénérescence chronique. »

Sedam Warthington.

« Dans le cas d'obésité extrême, une épée de Damoclès est constamment suspendue sur la tête des malheureux que menace une mort subite et prématurée par apoplexie ou syncope. »

III

CAUSES DE L'OBÉSITÉ.

Une foule de causes peuvent engendrer l'obésité, elles peuvent se résumer de la manière suivante :

1° L'ingestion d'une grande quantité de nourriture dans le genre riche et huileux;

2° Une texture trop lâche du tissu cellulaire ou de la membrane graisseuse, qui portent les cellules à se détendre et à recevoir une trop grande quantité de graisse;

3° Une vie sédentaire;

4° Le sommeil trop prolongé;

5° Une nourriture principalement féculente;

6° L'usage immodéré de la bière;

7° L'oisiveté et une trop grande quiétude de vie et placidité d'esprit;

8° L'usage trop fréquent des bains chauds;

9° Un flux menstruel peu abondant ou sa suppression;

10° L'évacuation incomplète ou défectueuse à travers les conduits excréteurs du corps, de la graisse et de l'huile contenues dans l'économie; tout ce qui est alimentaire contient de l'huile, or si nous n'arrivons pas à en expulser tous les jours, par la sueur, les urines, les selles, etc., une quantité suffisante pour balancer la quantité introduite quotidiennement par nos aliments, nous arrivons rapidement à l'obésité, et nous nous ensevelissons dans notre propre graisse.

Ce défaut d'alimentation vient toujours d'une vie trop sédentaire;

11° Le séjour habituel dans des lieux où on absorbe constamment des vapeurs animales ou végétales nutritives. Ainsi les bouchers, les charcutiers, les boulangers, les brasseurs, arrivent vite et facilement à l'obésité;

12° L'habitude des boissons chaudes et sucrées;

13° Les promenades en voiture après les repas ;

14° La sieste après les repas ;

15° La convalescence syphilitique, après l'usage des mercuriaux, conduit facilement à l'obésité ;

16° Des saignées copieuses et fréquentes : l'obésité arrive alors par le relâchement et l'atonie de la fibre ;

17° L'équitation modérée ; le cheval n'est un exercice que quand il est poussé jusqu'à la fatigue ;

18° Les climats chauds et débilitants ;

19° Le tempérament lymphatique.

Toutes les différentes causes que nous venons d'énumérer ont été constatées et étudiées, mais beaucoup n'existent qu'à l'état d'exception. Les causes les plus ordinaires de l'obésité sont formulées de la manière suivante par notre regretté maître le professeur Gubler, de la Faculté de Paris.

1° L'alimentation excessive ;

2° Le défaut de consommation sous les deux formes d'aliments respiratoires et d'aliments plastiques ;

3° L'absence ou la diminution de toutes les grandes fonctions du corps humain, musculation, respiration, calorification, travail intellectuel, acte de la génération ;

4° Arrêt ou ralentissement du mouvement nutritif ;

Ce qui peut se résumer en quelques mots : *Trop de nourriture, pas assez d'exercice, trop de combustible, pas assez de combustion,* c'est dans ce sens que le Dr Maccarry a dit :

« Riches gourmands et oisifs, qui vous nourrissez

trop bien et qui abusez des mets les plus exquis et les plus succulents, et de liqueurs les plus spiritueuses, et qui dédaignez toute espèce d'exercice, comme si les jambes vous étaient accordées par la nature comme un frivole ornement, n'oubliez pas que l'obésité est une suite fréquente de l'oisiveté et de la bonne chère. »

A toutes ces causes d'obésité, bien qu'une foule d'écrivains physiologistes n'aient pas voulu l'admettre d'une façon formelle, nous ajouterons : *l'hérédité*.

Pour nous, cela ne saurait faire l'ombre d'un doute, nous en avons eu de trop nombreux exemples sous les yeux, *l'obésité se transmet par hérédité*, et alors des sujets qui ont reçu de leurs parents une pareille prédisposition, contractent l'affection qui nous occupe avec une rare facilité.

C'est ce qui explique que l'on peut voir des obèses qui ne sont pas très grands mangeurs ; mais s'il en est qui ne font point d'excès de nourriture, tous, sans exception, sont grands buveurs, et arrosent leur alimentation de beaucoup de boisson. Tous, ceci est encore un trait particulier, aiment les viandes préparées avec des sauces, ont un faible pour les farineux, purée de pommes de terre, de lentilles, de haricots, de marrons, tous aiment les petits pâtés chauds, les gâteaux, les confitures, les plats sucrés.

Leurs digestions se font bien, ils ne sont jamais constipés, l'appétit est toujours soutenu, le sommeil généralement bon, tout se réunit en un mot pour leur faire dire :

— Je suis gras, c'est vrai, mais comme je me porte bien !

Tout cela est très beau jusqu'à quarante ans, tant que la nature possède assez de force de résistance... mais attendez la fin, à cinquante ans, tout cela fond comme un glaçon d'avril. Allons, je commence à croire que vous m'écouterez et que bon nombre d'entre vous, chers lecteurs, qui m'ont écrit pour me demander cette étude, se soumettront au traitement que j'indiquerai sous peu, traitement qui variera selon l'âge, le sexe et le tempérament.

IV

INFLUENCE DE L'OBÉSITÉ SUR L'INTELLIGENCE ET L'ACTIVITÉ HUMAINE. — CONSÉQUENCES DE L'OBÉSITÉ. — L'OBÉSITÉ HÉRÉDITAIRE.

L'influence pernicieuse de l'obésité sur l'intelligence et l'activité humaine ne saurait être niée.

A mesure que le poids du corps augmente et que la locomotion s'entrave, l'apathie naturelle aux sujets disposés à l'obésité exerce sur leur vie une domination plus absolue.

Leur répulsion invincible pour le mouvement s'accroît des palpitations, des troubles respiratoires auxquels ils sont enclins, et la difficulté qu'éprouvent les poumons et le cœur dans l'accomplissement de leurs fonctions, détermine et entretient un état congestif qui se reconnaît à la turgescence de la

face, à la fréquence des vertiges, à la paresse de
l'esprit.

Son dernier terme est une somnolence presque
incessante, et une indifférence profonde pour toute
perception émanant du dehors.

Aussi la vie végétative de l'homme obèse est-elle
presque exclusivement consacrée à la satisfaction
du sommeil et aux plaisirs de la table.

A la longue les désordres s'aggravent, puis la
mort survient inopinément. On l'attribue d'ordinaire à une apoplexie, et c'est à tort. Très généralement elle est due à une *syncope*, et cette syncope a
pour cause l'obstacle apporté aux battements du
cœur.

Dancel a admirablement tracé le tableau suivant
des conséquences de l'obésité.

« Le cerveau, comme les poumons, le cœur, etc...,
peut être gêné dans ses fonctions par une surabon-
dance de graisse dans l'organisme. Et cette gêne peut
être portée assez loin pour que l'obèse ne vive plus
que d'une vie végétative. Il est indifférent alors à
tout ce qui se passe sur la terre autour de lui comme
au loin.

« Il ne sort de la somnolence dans laquelle il est
plongé que pour demander à manger et plus souvent à boire.

« A un degré moins grand de l'obésité, les personnes chargées cependant d'un trop grand embonpoint reconnaissent que leur cerveau ne fonctionne
plus avec la même force, la même facilité qu'avant
d'être grasses. Depuis qu'il a engraissé, l'artiste

peintre ne trouve plus sa vive imagination au bout de son pinceau.

« Le sculpteur taille la moulure avec indifférence, l'homme de lettres se sent lourd, et les pensées ne lui arrivent plus.

« L'obèse, au lit, est obligé de se tenir la tête haute, et quand il lui arrive de perdre cette position et de rapprocher tout son corps de la ligne horizontale, il est pris de quintes de toux au milieu desquelles il expectore une grande quantité de mucosités et de crachats; ce sont des matières liquides et fluides, dont son corps est pour ainsi dire bourré, lesquelles matières, obéissant aux lois de la pesanteur et refoulées par les différents organes, les parois du ventre principalement, sont venues transsuder vers les bronches et les embarrasser, de manière à occasionner ces quintes de toux et quelquefois des attaques d'asphyxie. Aussi pour beaucoup d'obèses les nuits sont-elles un temps d'inquiétude et de tourments. »

Il y a des obèses célèbres qui ont conservé toute la vivacité de leur intelligence; dans l'antiquité, Platon, Épaminondas, et de nos jours en Angleterre, Samuel Johnson, Charles Fox et David Hume; mais il ne faut pas se fier à d'aussi rares exceptions, et si l'on peut citer quelques obèses qui ont pu conserver la verdeur de leur esprit, on ne trouverait pas chez eux *exemple de longévité.*

Quant à l'hérédité de l'obésité, elle ne saurait être mise en doute un seul instant.

Le père et la mère transmettent à leurs enfants

une organisation spéciale, apte à se surcharger de graisse.

Il est un fait reconnu chez les animaux , c'est qu'en poussant certaines races à l'engrais, on finit par obtenir des produits dans la descendance qui s'engraissent avec une excessive facilité. La loi est la même dans l'espèce humaine.

Les enfants d'obèses viennent au monde avec une prédisposition naturelle à contracter l'obésité.

Il est un fait qu'il faut retenir également, c'est que la tendance à l'obésité augmente avec les années, et que plus on avance en âge, plus il est difficile de la combattre.

Nous allons voir maintenant quels sont les différents traitements que l'on peut appliquer à l'obésité, suivant l'âge, le sexe, et la condition sociale de celui qui souffre de cette pénible infirmité.

Nous ne craignons pas de prédire un rapide retour à la santé et à la vigueur à tous ceux qui voudront s'astreindre à suivre le traitement approprié à leur état.

S'illusionner, s'endormir dans son obésité quand il est si facile de se guérir de ce mal, c'est aller à la mort par un suicide lent mais infaillible, et souvent volontaire.

V

TRAITEMENT.

Avant d'indiquer quels sont les divers traitements de l'obésité, le lecteur me permettra de lui conter une histoire, je l'emprunte à Sedam Worthington.

Un lord anglais, du poids énorme de 495 livres, rencontre par hasard à Londres un médecin français, et lui demande s'il ne pourrait pas lui donner un remède contre sa monstrueuse obésité.

— Vous tombez bien, répond le médecin, c'est justement ma spécialité que de traiter ce genre d'affection.

L'Anglais le prie alors d'entreprendre la cure.

Le médecin consentit.

— Seulement, dit-il, je mets une condition à mon concours.

— Accepté d'avance, répond l'Anglais.

— Eh bien, vous allez me donner votre parole de gentleman de m'appartenir pendant trois mois, et quoi que j'exige de vous, quoi que je vous fasse faire, vous devrez vous y soumettre sans murmurer.

Le lord donna sa parole.

Le docteur l'emmène alors dans un village de Bretagne, et le remet à un paysan auquel il laisse ses instructions les plus complètes.

— Adieu, fit-il à l'Anglais, je reviendrais vous voir dans trois mois, j'ai cédé à ce brave villageois mon autorité sur vous.

Ce dernier fut stupéfait d'une pareille façon d'agir. Mais il avait donné sa parole, il ne fit pas la moindre réflexion.

Les trois premiers jours milord fit la petite bouche, il ne mangeait presque pas, les aliments étaient trop grossiers pour son palais délicat.

Le quatrième au matin, le paysan lui dit :

— Monsieur, tout le monde travaille ici, pour gagner sa vie, si vous voulez manger vous ferez comme les autres, car je ne veux pas nourrir une bouche inutile.

L'Anglais se récria.

— Je dois ajouter, fit son impitoyable interlocuteur, que vous feriez mieux d'y mettre de la bonne volonté, sans cela je vous contraindrai par la force. Je vous ai loué à votre conducteur cent vingt-cinq francs pour trois mois, et il faut que je rentre dans mon argent.

L'Anglais, blême de fureur, eut beau se récrier, trois vigoureux garçons de ferme le saisirent, lui mirent un fouet en main, le menaçant de s'en servir contre lui s'il bronchait, et il fut contraint de garder le bétail.

Il eût pu profiter d'un moment où il n'était pas surveillé pour se sauver, mais il se serait cru déshonoré de ne pas tenir sa parole.

Au bout de trois semaines, on l'arma d'un lourd maillet, et on le força à briser les mottes de terre derrière la charrue.

Il soufflait et suait à arroser les sillons.

Et trois fois par jour, pour le réconforter, on lui donnait un morceau de pain noir frotté d'ail.

Dix jours de maillet réduisirent son corps à la moitié de son poids primitif.

On le fit ensuite fendre du bois, porter les sacs de blé au moulin.

Levé à trois heures du matin, il n'avait la permission d'aller se reposer qu'à neuf heures du soir.

Chaque travail nouveau, qu'on lui imposait, était

conçu de façon à augmenter sa dépense de force musculaire.

Au bout de trois mois d'une vie si rude, notre lord avait les mains et les pieds calleux, le visage bronzé et osseux, son ventre avait disparu, les bourrelets graisseux s'étaient fondus ; ses bras, naguère sans formes, étaient redevenus secs et musculeux.

Quand le docteur revint, il ne reconnut plus son obèse.

— Oh ! docteur, quel service vous m'avez rendu ! fit le lord. Quelle cure merveilleuse ! je suis redevenu un homme.

— Ne m'exaltez point tant, milord, répondit le docteur, je n'ai fait que vous enseigner un remède à la portée de tout le monde, *une vie dure et frugale*, c'est à votre volonté, à votre incomparable énergie seule, que vous devez votre guérison.

Je n'ai certes pas l'intention de conseiller aux lecteurs atteints d'obésité de suivre un pareil régime. Les gens doués d'une énergie assez grande pour le suivre pendant trois mois sont rares, et, du reste, les nécessités de la vie ne permettent pas à chacun de pouvoir quitter ainsi sa famille et ses affaires, pour se faire valet de ferme pendant ce laps de temps.

Il faut donc avoir recours à des traitements plus pratiques ; mais de cette anecdote retenons bien ceci, qui donnera toute la thérapeutique de l'obésité que je vais instituer : c'est qu'il n'y a pas de guérison possible sans une *vie dure et frugale* ; dure, en ce sens que l'obèse devra briser sans retour avec ses habitudes les plus chères ; frugale, parce qu'il lui faudra abandonner tout le luxe de la table, tout raffinement de nourriture, et ne prendre aucun des mets les plus simples que le nécessaire le plus strict.

Tous les médecins sont d'accord sur l'opportunité de deux grands moyens hygiéniques : la réduction de l'alimentation et l'augmentation de l'exercice musculaire; en un mot la diminution de la recette et l'augmentation de la dépense, dont la résultante est la diminution de la richesse graisseuse de l'organisme.

Il y a deux manières de combattre l'obésité.

La première consiste à ne demander sa guérison qu'à une hygiène appropriée de laquelle on ne se départira plus, et à changer peu à peu sa constitution par la sévérité de son régime. Deux ans, trois ans quelquefois, sont nécessaires pour arriver à un résultat complet; mais alors, sans secousse, sans trouble pour la santé, l'obèse arrive à recouvrer les formes élégantes et musculeuses de l'homme en parfait état de santé.

Ainsi on se conformera à l'aphorisme suivant des vieux écrits hippocratiques, qui par plus d'un côté sont dignes encore de dominer la thérapeutique moderne.

« Évaporer ou remplir, ou réchauffer ou refroidir, ou d'une façon quelconque troubler le corps avec excès et subitement, est chose dangereuse, et partout l'excès est l'ennemi de la créature; mais il est prudent de procéder par gradation, surtout lorsqu'il s'agit de passer d'une chose à une autre. » (Aphorisme 51. Hippocrate, traduction de Littré.)

La seconde méthode consiste à employer des traitements spéciaux, *un mode d'entraînement*, si je puis m'exprimer ainsi, qui, unis à une hygiène spéciale, arrivent à produire en quelques mois le même résultat que la première manière n'obtient qu'en quelques années.

Comme médecin, nous devons dire qu'en général et pour des tempéraments qui ne sont point très robustes, pour les femmes surtout, nous préférons la première méthode, en raison de son action prudente, graduée, et qui, pour être plus longue à produire ses effets, n'en est ni moins sûre ni moins efficace. Cependant il est juste de dire que la seconde manière de procéder, qui comprend des moyens très variés, que nous ferons connaître, de produire un résultat rapide, quand elle est dirigée, conduite, avec intelligence, peut être sans danger pour la santé du sujet, car on peut toujours modérer ou activer le traitement, selon les résultats produits et les forces de résistance de l'organisme qui les supporte.

Nous ne nous occuperons aujourd'hui que de la première manière de combattre l'obésité, que nous appellerons *traitement à long terme*.

Sur ce point, nous avons la bonne fortune de pouvoir donner à nos lecteurs une consultation donnée par notre illustre et regretté maître Trousseau, à un obèse qui en était déjà arrivé à des troubles cardiaques importants.

Le grand médecin lui conseilla d'attendre tout d'une hygiène sévère du temps.

Voici cette consultation :

Obésité embarrassant le cœur, gênant la respiration,
et disposant aux apoplexies.

« Il est essentiel que le consultant, pour remédier à un état de choses qui devient dangereux, suive pendant longtemps un traitement méthodique et d'une certaine énergie.

« Avant tout, les remèdes devront être cherchés dans les circonstances de l'hygiène. Il faudra s'abstenir de manger des corps gras, tels que le gras de viande, le beurre, l'huile, le lait.

« Le régime alimentaire aura pour base les légumes frais, les viandes maigres et les fruits de la saison bien mûrs.

« Le consultant pèsera exactement la quantité de viande et de pain qu'il consommera chaque fois.

« Il importe que de semaine en semaine, il diminue un peu la quantité de ses aliments jusqu'à ce qu'il arrive à une ration au-dessous de laquelle il ne se sentirait pas restauré.

« Il est absolument nécessaire de conserver de l'appétit en quittant la table.

« Il faut se peser tous les quinze jours, et arriver à perdre 1 à 3 kilog. par quinzaine, et s'arrêter lorsqu'on aura perdu 25 à 30 kilog.

« L'exercice est de la plus haute importance.

« Il doit être fait à pied, à cheval, le moins possible en voiture.

« Le consultant évitera les boissons aqueuses.

« Il ne prendra que des bains de propreté dans

lesquels il devra faire entrer 180 à 200 gr. de bicarbonate de·soude.

L'usage des alcalins est un auxiliaire puissant pour atteindre le but qu'on se propose ; deux mois de suite, aux deux repas principaux, on prendra 2 grammes de bicarbonate de soude, ou 50 grammes d'eau de chaux, si le bicarbonate de chaux est mal supporté.

« Cette médication sera suspendue après deux mois, puis reprise un mois de suite chaque trimestre, et continuée ainsi pendant deux ou trois ans.

« Signé : Dr TROUSSEAU. »

Je n'ai que peu de chose à ajouter, pour commenter et expliquer cette consultation magistrale, qui devra servir de guide à tout traitement de l'obésité à long terme.

Pendant les mois, c'est-à-dire deux mois par trimestre, où l'obèse ne fera pas usage de bicarbonate de soude, durant quinze jours chaque mois, il coupera son vin aux repas avec un peu d'eau de Vichy, source Landy.

Il ne devra jamais boire plus de deux verres de liquide, vin et eau, à chaque repas.

En dehors des repas il s'abstiendra le plus possible de toute boisson.

Il supprimera complètement la soupe et tous les farineux.

Trois ou quatre cuillerées de potage au gluten devront lui suffire au dîner.

Il ne devra jamais prendre plus de sept heures de sommeil. Sous aucun prétexte, il ne fera jamais de sieste après ses repas, c'est une habitude mortelle.

Il n'est point possible de fixer d'une façon exacte la proportion des diverses substances alimentaires dont l'obèse doit user; il devra suivre d'une façon absolue la règle suivante, en diminuant graduellement sa nourriture. Au bout d'un mois, il devra se contenter des quantités ci-dessous :

Déjeuner.

Pain (ce qu'on appelle le petit pain d'un sou).   50 gr.
Un œuf à la coque ou jambon (jambon (jamais les deux
  à la fois).   30
Viande sans os (mouton ou bœuf).   125
Légumes verts.. . . . . ,   50
Un fruit ou confiture.   25

Une demi-bouteille de Mâcon de l'année.
Une tasse de café par décoction à la manière arabe et peu sucré.

Dîner.

Pain. . . . .   50 gr.
Potage gluten, cuit dans le consommé.   25
Viande rôtie, sans os.   125
Légumes verts.   50
Salade fraîche.   50
Fruit ou fromage.   25

Une demi-bouteille de Mâcon de l'année.
Une tasse de café comme celle du déjeuner.
Je conseille le café par décoction et non par infusion, car par décoction il n'excite pas et calme la soif.

Il faut ajouter à cela des promenades et des exercices modérés, sans fatigue, mais réguliers.

Je puis affirmer que ceux qui voudront bien suivre énergiquement cette hygiène, en un an auront vu disparaître leur obésité, ainsi que les accidents qui sont la conséquence de cette grave affection.

Nous verrons prochainement les traitements à résultats plus rapides.

VI

HYGIÈNE DE L'OBÈSE.

Après être revenu à une situation normale, par le régime que nous avons indiqué, l'obèse, une fois débarrassé de son infirmité et des accidents plus ou moins graves qui en étaient la conséquence, devra s'astreindre à une hygiène alimentaire sévère, car l'important est d'éloigner le retour à cette affection dont on n'a triomphé qu'avec peine.

Nous sommes toujours dans l'hypothèse d'un traitement à long terme. Le malade a mis un an, deux ans s'il le faut, à perdre cinquante à soixante livres de son poids, à recouvrer en un mot la virilité et la force; mais qu'il ne se laisse pas endormir par la guérison, la stabilité de l'état qu'il a conquis n'est possible qu'à la condition de n'aborder la table qu'avec une grande sobriété.

Je permets à l'obèse guéri le régime suivant dont il ne devra jamais se départir en quantité, en variant les matières de son alimentation.

A 7 heures du matin :

Une tasse de thé ou de café noir, ou un bol de consommé, avec une croquette grillée de pain de gluten.

Au déjeuner de onze heures ou midi :

Deux œufs à la coque ou une omelette de deux œufs, ou 40 grammes de jambon, ou deux sardines avec un peu de beurre frais, ou une tranche de 40 grammes de pâté de volaille ou de gibier.

Puis, cent grammes de viande de boucherie, côtelette, bifteck, escalope de veau, ou une aile de volaille rôtie.

30 grammes de fromage ou de confiture, 50 grammes de pain très cuit, ou un petit pain de gluten, café peu sucré.

Le soir, à dîner :

Consommé aux pâtes de gluten, ou potage aux légumes verts de saison.

50 grammes de poisson.

100 grammes de viande de boucherie, volaille ou gibier.

50 grammes de légumes verts.

Salade.

100 grammes de pain très cuit.

30 grammes de fromage ou confiture.

Café peu sucré.

Jamais d'entremets sucrés.

S'abstenir de fumer, ou tout au moins ne fumer qu'un cigare après dîner; la somnolence produite par la nicotine est des plus favorables au développement de l'obésité.

Comme aliments, en général, nous recommandons de choisir :

Les viandes maigres de toute espèce.

Les gibiers de viandes noires.

Les poissons non huileux, tels que les brochets, les limandes, les merlans, la sole.

Les végétaux, épinards, concombres, gombos, cardons, céleri, artichauts, haricots verts, salades, chicorée au jus.

Les fruits acidulés, raisins, pêches, cerises.

Les vins très jeunes et faibles en alcool, les beaujolais, les mâconnais, les bordeaux.

Les eaux minérales, Seltz, Vichy, Saint-Galmier.

Ce régime devra se compléter par des exercices salutaires et journaliers. Une séance d'étuves sèches où l'hydrothérapie froide et chaude sera combinée, et une saison de bains de mer chaque année, autant que possible, compléteront cette hygiène indispensable à tout ex-obèse, qui veut continuer à jouir des bienfaits de la guérison.

Qu'on se souvienne bien de ceci :

Il est plus facile de faire perdre à son corps cinquante à soixante livres de son poids que de l'empêcher de les reprendre.

Tout obèse guéri, qui reprendra son ancien régime de gaieté de cœur, retournera à l'obésité.

VII

DES TRAITEMENTS RAPIDES.

Nous ne sommes pas en général partisan des traitements à effets rapides; ils agissent presque toujours, nous l'avons dit, aux dépens de l'économie. Mais principalement pour l'obésité, ils ne peuvent être tentés que pour les constitutions fortes et vigoureuses; et, à part de très rares exceptions, exclusivement que pour l'homme.

L'organisme délicat de la femme, ses révolutions mensuelles, sa *nervosité*, en général beaucoup plus grande, tout son système, en un mot, construit pour l'évolution maternelle, n'accepterait pas sans de graves désordres, qui altéreraient pour toujours la santé, des secousses trop vives ou des excès de fatigue.

Il n'y a que deux méthodes rationnelles de traitement rapide contre l'obésité :

1° Les exercices violents;

2° L'hydrothérapie.

Dans l'un et l'autre de ces traitements le régime est le même; il est aussi conforme à celui que nous avons donné précédemment :

Diminution de nourriture, c'est-à-dire résister à toutes les tentations de l'appétit et s'arrêter à table à la première sensation de satiété.

Se nourrir de viande et de légumes verts; ne pas

dépasser 250 grammes de pain par jour, supprimer les farineux et boire des vins légers mais purs.

Supprimer l'eau et les potages autant que possible.

Les exercices violents sont des plus variés :

La gymnastique, les travaux des champs, les courses rapides, le port de fardeaux, l'équitation, le canotage, sont excessivement favorables à la déperdition de la graisse.

Je promets à tout obèse qui voudra s'y livrer exclusivement pendant un mois à six semaines une perte de quarante à cinquante livres de son poids.

Mais il faut s'expliquer sur ce que j'entends par ces mots *s'y livrer exclusivement.*

Rien ne vaut les exemples.

Voici la consultation et la preuve :

Un de mes clients, qui atteignait les deux cents livres et était en bonne voie de les dépasser, malgré tous les avis de sobriété que je lui donnais, ressent un jour quelques troubles du côté du cœur; depuis quelque temps, il s'essoufflait un peu à la marche ; bref, tous les signes précurseurs de troubles cardiaques sérieux.

Il vint me faire part de son état.

— Bien, lui dis-je, voilà quelques années déjà que je vous avertis; c'est le commencement.

— Pas de sermon, mon cher docteur; la guérison !

— Elle est entre vos mains.

— Oui, mais la guérison rapide.

— Combien de temps vos affaires, qu'il faudra

absolument cesser, peuvent-elles vous laisser de temps libre pour un traitement?

— Un mois, six semaines le plus.

— Il me faut six semaines.

— Soit, je les prendrai.

— Il va vous falloir un courage à toute épreuve.

— Je l'aurai. Je commence à avoir des étouffements la nuit, des embarras gastriques... c'est le commencement, comme vous le dites; je veux me guérir.

Mon interlocuteur prononça ces mots avec une telle énergie que je compris que rien ne changerait sa détermination; dans ce cas j'étais sûr du résultat; car j'étais sûr de l'exécution de mes prescriptions. Je lui donnai le régime suivant :

Le traitement, commencé le 1er juillet, devait finir le 15 août, au soir.

Le 1er juillet, au matin, le sujet pesait 200 livres 350 grammes.

Je lui garantis en six semaines une perte de 40 livres.

Je copie mes prescriptions :

Se lever à quatre heures du matin.

Prendre une tasse de thé sans sucre, avec 10 grammes de magnésie calcinée.

La magnésie ne sera prise que tous les trois jours.

Faire une promenade rapide de 8 kilomètres ; augmenter tous les jours de vitesse, de façon à arriver au dixième jour à la faire au pas gymnastique.

Sept heures du matin, 40 grammes de jambon maigre, ou un œuf à la coque, ou 40 gr. de viande froide, et 25 gr. de pain et une demi-bouteille de vin pur.

De huit heures à dix heures, bêcher dans son jardin sans relâche, ou faire deux heures de gymnastique dans une bonne école.

A dix heures, prendre une douche froide et se promener une heure rapidement.

A onze heures et demie, déjeuner :

Viande de boucherie.	150 gr.
Pain.	100
Légumes verts.	125
Fromage.	50
Salade	
Une bouteille de vin.	

De midi et demi à cinq heures, se promener rapidement, ou monter à cheval ou ramer.

A cinq heures et demie, une douche froide, promenade modérée ensuite.

A six heures, un verre de madère.

A six heures et demie, dîner ; un peu de potage et mêmes quantités en poids qu'à déjeuner.

De sept heures et demie à dix heures, se promener rapidement.

A dix heures, se coucher.

Mon client soutint énergiquement ce régime jusqu'au 15 août ; le soir, à dix heures, il fut pesé. La balance n'accusait plus que 140 livres 120 grammes.

Il avait donc perdu 60 livres 180 grammes.

Vingt livres de plus que je ne lui avais promis.

Depuis, ce qui était inévitable, il a regagné un

peu, mais avec un régime sévère, il n'a plus dépassé 150 livres, ce qui pour un homme est un poids des plus normaux.

Mais, je le répète, des tempéraments forts et robustes peuvent seuls tenter avec efficacité de pareils tours de force.

Aux tempéraments plus délicats, je conseillerai de modifier cette hygiène de la façon suivante :

Remplacer la course au pas gymnastique par la promenade rapide ;

Et les promenades rapides par des promenades modérées.

En cas de trop grandes fatigues, il faudrait diminuer les heures d'exercice.

L'exercice par l'hydrothérapie est plus doux, mais il est aussi plus long, car malgré sa douceur il faut le suivre avec prudence. Il consiste simplement dans l'usage des sueurs forcées, dans un Hammam ou bain d'étuves sèches, avec des douches froides alternées.

Un bain turc d'une heure et demie tous les deux jours, avec *sudoration* et douches froides alternées, en trois mois a raison des obésités les plus enracinées.

Il est entendu que ce traitement doit être associé au régime alimentaire que nous avons ordonné.

Ce traitement encore ne convient pas à tous les tempéraments, et il devra cesser devant une fatigue et une déperdition de forces trop accusées.

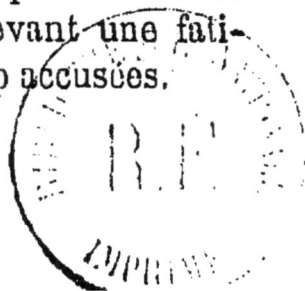

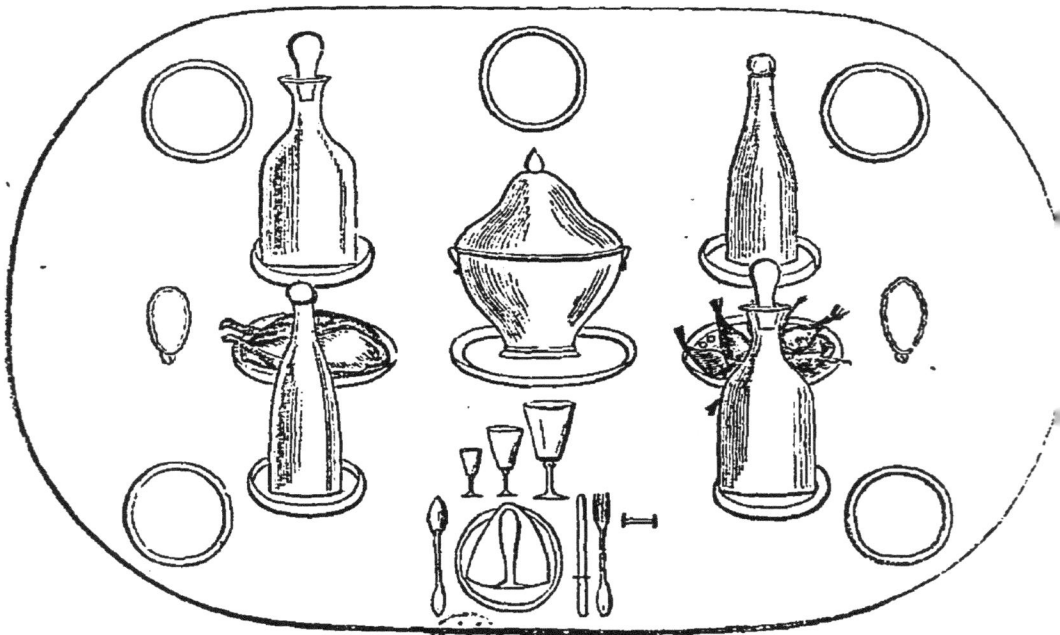

COUVERT DE SIX PERSONNES

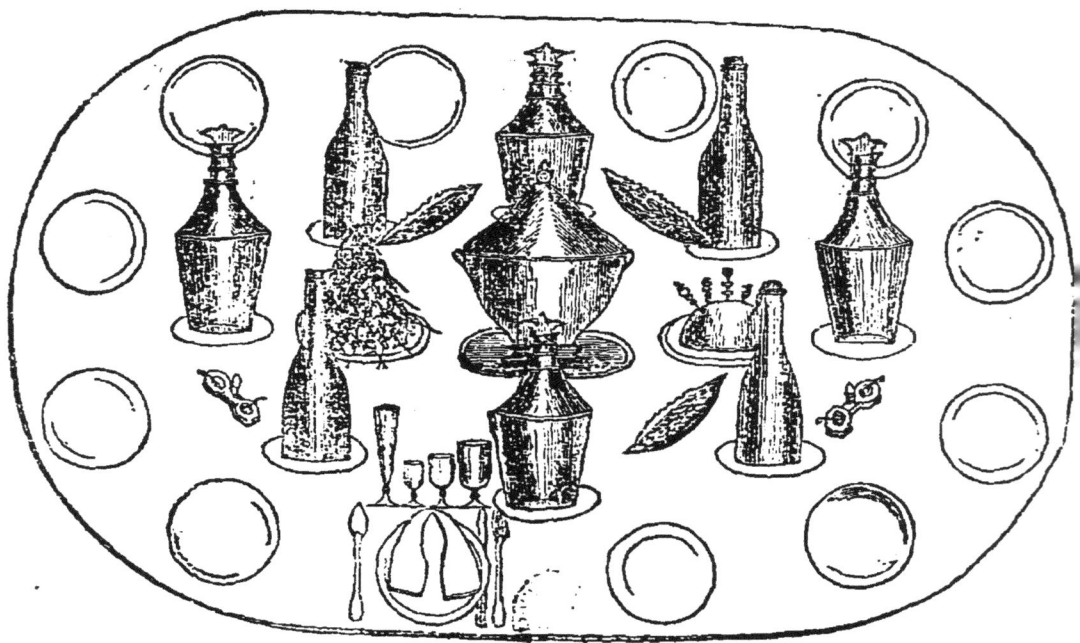

COUVERT DE DOUZE PERSONNES

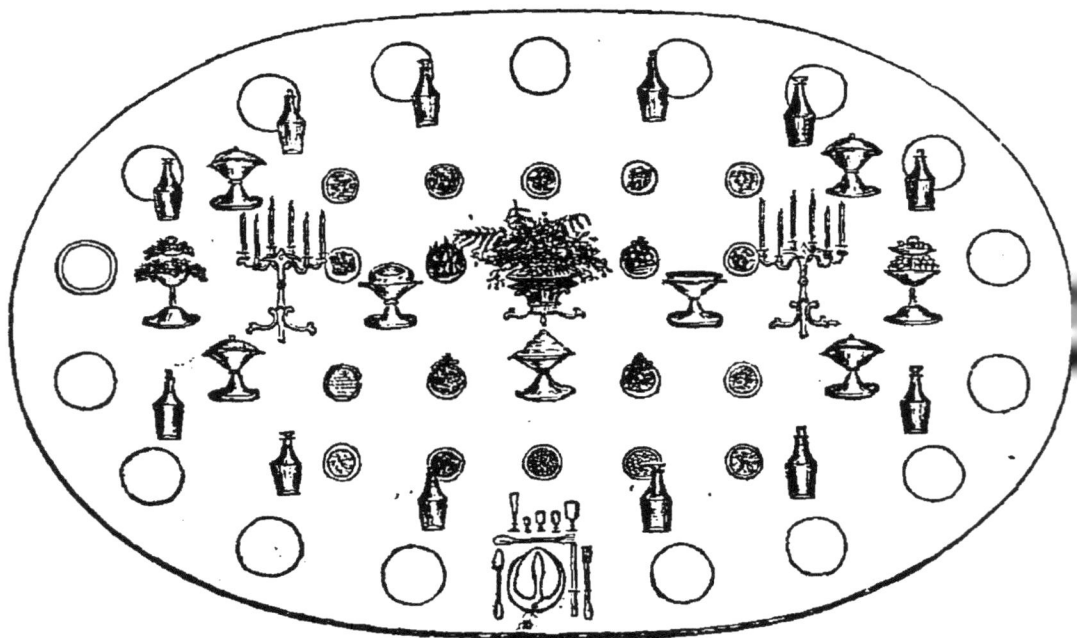

TABLE POUR DIX-HUIT PERSONNES

TABLE ALPHABÉTIQUE

DES MATIÈRES

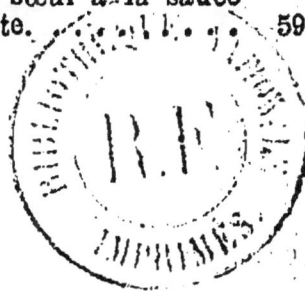

FIN DE LA TABLE

PARIS. — IMPRIMERIE C. MARPON ET E. FLAMMARION, RUE RACINE, 26.

www.ingramcontent.com/pod-product-compliance
Lightning Source LLC
Chambersburg PA
CBHW061112220326
41599CB00024B/4011